Nicole Künzel

Mit Sicherheit richtig verstanden

Ein Leitfaden für Verständnis und Verständigung zwischen Pferd und Mensch

➤ Durch Achtsamkeit und Respekt zur Harmonie
➤ Eine gute Kommunikation – aber sicher!

evipo
VERLAG

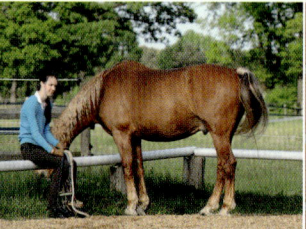

Danksagung

Ich bedanke mich bei meiner zwei- und vierbeinigen Familie und hier insbesondere bei meinem Lebensgefährten Andreas dafür, dass sie immer für mich da sind und für ihre Geduld in meinen aktiven Schaffensphasen.

Mein besonderer Dank gilt Kerstin Schmidt und der Uelzener Allgemeinen Versicherungsgesellschaft für ihre Unterstützung und das Ermöglichen dieses wundervollen Projektes.

Ich möchte mich bei meiner Lektorin Christa-Maria Ossapofsky, meiner Grafikerin Christine Orterer, meiner Fotografin Antje Wolff und meiner Illustratorin Heidrun Hafen für all ihre Kreativität bedanken, die dieses Werk zu etwas ganz Besonderem werden lassen.

Weiter gilt meinem Dank den vielen Experten: Bernd Bredenschey, Uwe Brolle, Dr. Gaby Bußmann, Heidrun Hafen, Peter Kreinberg, Prof. Dr. Norbert M. Meenen, Eckart Meyners, Dr. Christa Finkler-Schade, Dr. Werner Schade, Andrea Schmitz, Britta Schöffmann, Nicole Sollorz, Karen Uecker und Marlitt Wendt, die dieses Werk durch Ihre Fachbeiträge und Anregungen wertvoll bereichert haben.

Der Firma Uniqcorn exceptionnel hat mich wieder mit exklusiven Reithosen ausgestattet – auch dafür möchte ich mich bedanken!

Ein großer Dank geht ebenfalls an alle zwei- und vierbeinigen Models, die sich für die Fotoaufnahmen zur Verfügung gestellt haben.

Einleitung

von Dr. Theo Hölscher, Vorstandsvorsitzender der Uelzener Versicherungen

Viele Wissenschaftler und Psychologen haben sich mit der Forschung zu den menschlichen Grundbedürfnissen beschäftigt. Die Ergebnisse sind sehr unterschiedlich, aber eines war in annähernd jeder Studie gleich – *das Bedürfnis der Menschen nach Sicherheit.* Dem möchten wir als Spezialversicherer für Tierhalter Rechnung tragen. Wer sich und sein Tier bei der Uelzener versichert, schützt sich und seinen vierbeinigen Partner mit dem Besten auf dem Versicherungsmarkt. Neben dem so wichtigen richtigen Versicherungsschutz sind wir jedoch bestrebt, bereits im Vorwege dabei unterstützend zu helfen, Unfälle und Schäden zu vermeiden, das heißt, die vorsorgliche Sicherheit und damit die Prävention stehen für uns im Mittelpunkt. Aus diesem Grunde betreiben wir seit mehreren Jahren intensive Aufklärungsarbeit. Gemeinsam mit namhaften Fachleuten und Ausbildern aus der Pferdebranche bieten wir stetig Seminarbeiträge zum Thema „Verstehe Dein Pferd" – rund um Sicherheit, Gesundheit und Zufriedenheit an. Ein gesundes, zufriedenes und gut ausgebildetes Pferd bietet auch dem Reiter und dem mit dem Pferd umgehenden Menschen Sicherheit. Pferde werden nicht gefährlich, als Steiger oder unreitbar geboren, sie werden dazu gemacht. Es liegt an uns, dass es nicht so weit kommt. Für uns steht der Mensch mit seinem Tier im Mittelpunkt und wir wollen mehr sein als nur eine Versicherung. Wir möchten den Mensch mit Tier – in diesem Falle Mensch mit Pferd – über alle Etappen begleiten, ihm Hilfestellung geben und ihm und seinem Tier die Fürsorge angedeihen lassen, die beide verdienen und wünschen. Gerade im Freizeitbereich ist das Pferd mehr Partner als Sportgerät, aber alle Pferde – egal ob reines Turnier- oder Freizeitpferd – sind hochsensible Wesen, die, obwohl der Fluchtinstinkt stark ausgeprägt

Dr. Theo Hölscher ist Vorstandsvorsitzender der Uelzener Versicherungen.

ist, bemüht sind, uns richtig zu verstehen. Hierbei sollten wir sie unterstützen, was bedeutet, wir sollten versuchen, den Partner Pferd zu verstehen, sollten lernen, die Sprache des Pferdes zu deuten, richtig zu interpretieren und dem Partner Pferd so die Chance geben, sich sicher zu verhalten. Im Jahre 2015 haben wir eine umfangreiche Auswertung unserer Leistungsfälle aus den

Bereichen Pferde-Haftpflicht- und Reiter-Unfallversicherung durchgeführt. Hierzu wurden mehr als 6.000 Personenschäden herangezogen, welche in den Jahren 2012 bis 2014 von uns reguliert wurden. Die Ursachen vieler Unfälle resultieren aus den natürlichen Verhaltensweisen der Pferde, wie dem Fluchtverhalten oder dem arttypischen Sozial- und Spielverhalten. Beim Reiten geschehen deutlich mehr Unfälle als im Umgang mit dem Pferd. Schwerpunkt ist hierbei der Freizeitbereich. Daher gilt der sorgfältigen Ausbildung von Pferd und Reiter höchste Priorität. Sicheres Führen sowie Anbinden des Pferdes, artgerechter Umgang mit dem Tier, korrekte Hilfengebung vom Boden oder vom Sattel müssen erlernt werden, um dem Pferd Vertrauen vermitteln zu können. Die Autorin Nicole Künzel greift diese Thematik des sicheren Umgangs mit dem Pferd auf. Als fürsorglicher Tierversicherer stehen wir mit unserem Expertenwissen verlässlich zur Seite und möchten damit einen Beitrag zur Prävention von Unfällen leisten. Wir wünschen Ihnen viele glückliche Stunden mit Ihrem Pferd und hoffen, dass dieses Buch dazu beiträgt, von Ihrem Pferd „mit Sicherheit richtig verstanden" zu werden.

Hölscher

Vorwort

von Dr. Werner Schade

Die Harmonie zwischen den beiden Lebewesen Mensch und Pferd macht die Faszination des Pferdesports aus. Von der Reitweise oder dem Leistungsniveau ist das Streben nach Harmonie völlig unabhängig. Es ist eine universelle, immer wieder neu gestellte Aufgabe, die unzählige Ebenen hat und jeder gefühlte Erfolg auf diesem Weg ist eine Erfüllung. Damit aber diese Erfolge eintreten können, muss es eine Vertrauensbasis geben. Vertrauen gibt Sicherheit. Wenn das Pferd und der Mensch sich sicher fühlen, kommt der volle Genuss pferdesportlicher Aktivitäten zur Entfaltung. Natürlich birgt jede Beschäftigung mit dem Pferd auch Risiken in sich. Dessen muss man sich bewusst sein. Der mit Abstand größte Risikofaktor ist aber das Fehlverhalten des Menschen. Unwissenheit, Unsicherheit oder Angst rufen falsche Aktionen oder Reaktionen hervor und führen meist in eine Gefahrenspirale, die den Pferdesport mit Unfällen belasten, die häufig vermeidbar wären.

Die Evolution hat mit dem Pferd ein Herden- und Fluchttier geschaffen, dessen Verhalten auf Instinkten und auf Erlerntem beruht. Da Pferde in der Wildnis lebensbedrohlichen Gefahren ausgesetzt waren, haben sie selbst für sich ein hohes Sicherheitsbedürfnis, was heute noch in allen Pferden angelegt ist. Natürlich gibt es Unterschiede im Charakter und im Temperament zwischen den Pferderassen aber auch zwischen den Individuen einer Rasse. Das Alter und der Ausbildungsstand eines Pferdes haben ebenso einen wesentlichen Einfluss auf sein Verhalten. Die Aufgabe besteht darin, das zu erkennen. Das heißt der Mensch muss versuchen, die Welt mit den Augen des Pferdes zu sehen, wenn er sein Pferd verstehen will. Keine leichte Aufgabe, zumal der Mensch schnell dazu neigt, seine Sichtweise und Empfindungen auch auf Tiere zu übertragen.

Viele Menschen, die heutzutage den Zugang zum Pferd finden, hatten nicht die Gelegenheit von Kindesbeinen an, im

Dr. Werner Schade ist Zuchtleiter und Geschäftsführer des Hannoveraner Verbandes. In seiner Funktion beschäftigt er sich mit züchterischen Zielsetzungen und den Anforderungen des Marktes im Pferdesport. Außerdem ist er selbst aktiver Reiter.

Umfeld von Pferden aufzuwachsen und ihr Wesen und ihr Verhalten zu erfahren. Aus diesem Grund muss auch der Umgang mit dem Thema Sicherheit noch bewusster vermittelt werden als das bisher der Fall war. In der gesamten Ausbildung von pferdeinteressierten Menschen wird zu diesen Fragen sehr viel vorausgesetzt. Das kann dazu führen, dass das Verständnis für sicherheitsrelevante Verhaltensweisen des Pferdes nicht ausreichend entwickelt wird.

Obwohl das Thema Sicherheit in nahezu allen Bereichen von der Pferdezucht, über Haltung, Fütterung, Ausrüstung, Training, in Wettbewerben bis hin zum täglichen Umgang mit Pferden indirekt und direkt eine Rolle spielt, verdienen Sicherheitsfragen deutlich mehr Beachtung im Gesamtgefüge rund um das Pferd.

Mehr Sicherheit im Pferdesport ist eine Kollektivaufgabe. Die Berücksichtigung von Verhaltensausprägungen in Zuchtkonzepten, die Entwicklung von artgerechten Haltungs- und Fütterungssystemen mit passenden Bewegungsangeboten, die Bereitstellung sicherer Ausrüstung sowie das Angebot qualifizierter Ausbildung bilden das Anforderungsprofil. In allen Bereichen ist viel Bewegung und es können gute Erfolge vermeldet werden. Was aber bisher fehlte, ist eine fokussierte Darstellung des Themas Sicherheit in Buchform. Das vorliegende Werk ist ein gelungener Ansatz, sich diesem Thema gezielt zu nähern. Es leistet einen wertvollen Beitrag dazu, den Risikofaktor „Fehlverhalten" in den Sicherheitsfaktor „Richtiges Verhalten" umzuwandeln. Jeder Unfall oder Schaden, der mit Hilfe dieses Buches im Vorfeld vermieden beziehungsweise verringert werden kann, ist ein Riesenerfolg.

Fühlen Sie sich sicher?

„Wer sichere Schritte tun will,
muß sie langsam tun."

Johann Wolfgang von Goethe

Eines der wichtigsten Bedürfnisse des Menschen ist das nach Sicherheit. Sind die überlebensnotwendigen physischen Grundbedürfnisse wie das nach Nahrung, ausreichender Wasserversorgung und Schlaf erfüllt, folgt der Wunsch nach körperlicher Unversehrtheit und emotionaler Stabilität, kurz: nach physischer und psychischer Sicherheit. Erst wenn dies gegeben ist, kann sich ein Mensch entwickeln und sein Potential entfalten. Daher ist es unser Bestreben, Lebenssituation und Umfeld so zu gestalten, dass wir ohne Sorgen leben und unser Dasein in vollen Zügen genießen können. Weiter ist es uns eine Herzensangelegenheit, dass wir mit anderen Menschen in guter Verbindung stehen – dazugehören –, dass wir eine liebevolle Familie und Freunde um uns haben, denn das gewährt uns das Gefühl einer emotionalen Sicherheit. Aber auch eine gute Atmosphäre am Arbeitsplatz ist ein wesentlicher Aspekt dieses seelischen „Sorglos-Seins". Hinzu kommt, dass wir ein starkes Bedürfnis nach körperlicher Unversehrtheit verspüren. Ob im Straßenverkehr, beim Sport oder auf Reisen – überall begleitet uns, wenn auch oft unbewusst, die Frage, ob man dort *sicher* ist oder sich vielmehr sicher *fühlt*.

Auch das, was jeder Mensch individuell unter Sicherheit versteht, ist ein ganz eigenes Gefühl. Reitet der eine mit Begeisterung einen schweren Militaryparcours, überwindet dabei abenteuerliche Hindernisse in vollem Galopp und fühlt sich jederzeit wohl und sicher, so wird dem anderen schon Angst und Bange, wenn er

Ein fairer Umgang miteinander verbindet.

zu Fuß eines dieser Hindernisse umgeht und dabei eine viel zu große Gefahr für sich und sein Pferd sieht.

Es bleibt ein Wunschdenken, dass es uns möglich wäre, alle Gefahren für Leib und Leben zu bannen. Gesetze stehen uns zu einem großen Teil zwar zur Seite, Fachwissen und andere Präventionsmaßnahmen sind unentbehrlich – eine Garantie jedoch gibt es nicht und kann es nicht geben. Ein Zustand von Gefahrenfreiheit ist immer relativ und von vielen Faktoren abhängig, die wir nicht alle kontrollieren können. Unsere subjektive Wahrnehmung von physischer Sicherheit aber ist sehr stark abhängig von der gefühlten psychischen.

Fühlen wir uns emotional nicht „aufgehoben", werden wir größere Ängste spüren und beispielsweise bei lauten Geräuschen eher zusammenzucken oder erschrecken. Sorgen und Ängste können uns auf Dauer krank machen. Sicherheit hat also etwas mit einem „guten Gefühl" zu tun, das mit unserer Gesundheit eng zusammenhängt.

Die Intention dieses Buch ist es, die Welt, in der Menschen und Pferde gemeinsam agieren, sicherer zu gestalten und damit harmonischer – für Mensch und Tier! Es möchte dafür Sorge tragen, dass gegenseitiges Verständnis, Achtung und Respekt zu einem sicheren Miteinander führen und nicht irrtümlich Pferden vorgeworfen wird, dass sie sich gegenüber dem Reiter „ohne Grund" negativ verhalten. Haben Sie schon einmal erlebt, dass Pferde sich im Verhalten untereinander „irren" und versehentlich mit voller Wucht ausschlagen?

Das gibt es im natürlichen Verhaltensrepertoire des Pferdes nicht! Körperspannung, Gestik und Mimik kündigen oft lange vorher an, dass etwas nicht stimmt. Der Großteil aller Missverständnisse zwischen Pferd und Mensch ist auf eine Kommunikationsstörung zwischen ihnen zurückzuführen. Aus dem Wissen, welches wir uns in Bezug auf die Verhaltensweisen des Pferdes aneignen, erwächst Verstehen und Verständnis für unseren vierbeinigen Partner. Darauf aufbauend wird der Grundstein für eine harmonische Partnerschaft und Freundschaft, welche auf gegenseitigem Vertrauen beruht, gelegt, in der man sich im täglichen Miteinander sicher und gut aufgehoben fühlt und in der eine echte Verbindung entsteht. Eine solche und die dafür notwendige gute Kommunikation beginnt am Boden und zwar in dem Moment, in dem wir in das Leben des Pferdes eintreten – in seine Box oder auf die Weide. Kommunikation bezieht sich immer auf den Austausch zwischen *beiden* Partnern. Sie kommunizieren verständlich für Ihr Pferd und Sie verstehen, wie es mit Ihnen kommuniziert.

Das ist die Basis für jegliche Sparte der Reiterei. *Das* schafft Vertrauen und Sicherheit auf beiden Seiten. Jedoch bedarf es einer guten Anleitung und eines wissbegierigen Schülers, der sich wirklich mit dem Partner Pferd auseinandersetzen möchte. Dann wird auch das Pferd ein wissbegieriger Schüler werden.

Die höchste Unfallprävention und Grundlage für Glück und Freude mit unserem vierbeinigen Partner ist daher immer eine gute Ausbildung von Pferd und Mensch – vom Boden, an der Hand, vor der Kutsche oder vom Sattel aus! Machen wir uns also auf den Weg zum besseren Verstehen, zu einem feineren und sichereren Umgang miteinander!

Wie steht es mit Ihrem Pferd?

Das Bedürfnis nach Sicherheit obliegt jedoch nicht nur dem Menschen, auch bei unseren Pferden steht es an vorderster Stelle. Als Herden- und Fluchttier fühlt es sich in einer guten Herdenstruktur sicher geschützt vor Gefahren, wobei für die einzelnen Tiere ebenfalls gilt, dass sie diese individuell „bewerten". Ist für das eine ein unbekanntes Geräusch bereits ein Anlass zur panischen Flucht, wird ein anderes vielleicht nur neugierig den Kopf wenden. Generell lässt sich sagen, dass eine hohe emotionale Stabilität die Reizschwelle für das Gefühl von körperlicher Sicherheit deutlich erhöht. Ist ein Pferd übermäßigem oder dauerhaftem (emotionalem und/oder körperlichem) Stress ausgesetzt, ist infolgedessen das Bedürfnis nach emotionaler Sicherheit nicht mehr befriedigt. Der Wille zu überleben, der instinktgesteuert ist und mit dem Bedürfnis nach körperlicher Unversehrtheit einhergeht, wird zunehmen. Das Pferd reagiert infolgedessen mit körperlichen Symptomen wie einer erhöhten Adrenalinausschüttung, einer flachen Atmung, verspannter Muskulatur oder einem schnellen Herzschlag. Die Bereitschaft zur Flucht ist ständig gegeben, die (Überlebens-)Angst wird zum immerwährenden Begleiter. Viele Krankheitsbilder der Pferde haben ihre Ursache in solch einer anhaltenden Stresssituation.

Zwar wird die Lebenswirklichkeit unserer Pferde in Bezug auf die Haltung und den Umgang in Deutschland durch gesetzlich geregelte Minimalanforderungen und Leitlinien geschützt, jedoch zeigt die Praxis, dass das Sicherheitsbedürfnis der wenigsten Pferde tatsächlich, gerade auch im Zusammensein mit dem Menschen, erfüllt ist – was zum überwiegenden Teil an einer mangelnden emotionalen Sicherheit liegt.

Kommen wir also auf das Reiten oder den Umgang mit Pferden zurück. Hier treffen zwei Individuen zusammen, die zwar einerseits sehr verschieden sind, andererseits auch einiges gemein haben, wie das Bedürfnis nach Sicherheit. Wie erreichen wir nun gemeinsam ein solches Gefühl und welche Aspekte spielen dabei eine Rolle? Die Betrachtungsweise einer (physischen) Gefahr an sich ist etwas sehr Individuelles und wie bereits erwähnt, gibt es von Natur aus mutigere oder ängstlichere Pferdepersönlichkeiten. Vermutet das erste hinter jeder Ecke einen Tiger, der es fressen möchte, so geht ein anderes unbekannte Geräusche oder Objekte voller Selbstvertrauen und Neugier an und denkt scheinbar: „Das ist ja toll – was mag das sein?" Jedoch zeigt die Erfahrung, dass die Reizschwelle bei einem

Stimmt das Vertrauensverhältnis zwischen Pferd und Mensch, können beide die gemeinsame Zeit entspannt und in vollen Zügen genießen!

Pferd, das psychisch stabil ist, sehr viel höher liegt. Wollen wir also ein mutiges und damit in unserem Sinne verlässliches Pferd, muss es sich wohlfühlen. Aber was genau gehört nun dazu, dass sich mein Pferd sicher fühlt? Generell ist zu sagen, dass sich Pferde sehr gerne an anderen und hier insbesondere ihnen vertrauten Individuen orientieren. Das Pferd muss zunächst lernen, dass der Mensch ein Partner ist, dem es vertrauen kann. Dieser sollte in seiner Rolle als eben diese Vertrauensperson durch seine Haltung, Reaktionen und Verhaltensweisen zuverlässig sein und für das Pferd verständlich agieren. Dann entstehen Vertrauen und Verbindung. Vertrauen, das ermöglicht, dass ein Pferd mit uns buchstäblich durchs Feuer geht, wie Vorführungen von Polizeireiterstaffeln eindrucksvoll beweisen. Verbindung, die dafür sorgt, dass das Pferd für seinen Menschen Dinge tut oder mutig ist, wo es ohne diese in Panik und Überlebensangst ausbrechen würde.

Ein guter menschlicher Partner sollte in der Lage sein, sein Herdenmitglied vor Gefahren in der Umgebung zu beschützen und es nicht in Situationen bringen, die ebensolche bedeuten könnten. Er wird sich ihm gegenüber stets klar und unmissverständlich in seinen Reaktionen zeigen, nicht ungerecht oder unachtsam agieren, sondern für das Pferd ein berechenbarer und sich um sein Wohlergehen sorgender Partner sein. Dann kann sich das Pferd bei ihm wohlfühlen, ja vielleicht sogar eine Freundschaft schließen. Ein Mensch bleibt immer ein Mensch, er wird die Artgenossen nicht ersetzen können, die ein Pferd braucht, um wirklich glücklich zu sein. Aber es ist dennoch möglich, die Rolle eines Leittieres und Freundes in der Zeit zu übernehmen, die wir mit unserem Pferd zusammen verbringen.

Eine Beziehung braucht Zeit um zu wachsen

Gehen wir nun einen Schritt weiter: Fühlt sich das Pferd mit uns sicher – auf emotionaler Ebene, wird es sich auch körperlich in Sicherheit fühlen. Der Gedanke an Flucht oder in größter Angst an Kampf, was sich letztlich für uns in einer Widersetzlichkeit äußert, wird nicht aufkommen. Dadurch werden uns der Umgang und das Reiten plötzlich eine viel höhere Sicherheit gewähren, als man auf den ersten Blick vermuten würde.

Doch um dieses sichere Gefühl zwischen Pferd und Mensch erst einmal herzustellen, bedarf es einer intensiv gemeinsam verbrachten Zeit. Unter diesem Aspekt jedoch unterscheidet sich unsere Beschäftigung mit dem Pferd heute oft eklatant von den Zeiten, als Pferde noch Bestandteil des alltäglichen Lebens der Menschen waren. Vor nicht einmal einhundert Jahren war das Pferd täglicher Begleiter und man arbeitete oftmals viele Stunden am Tag zusammen. Pferde sicherten den Lebensunterhalt und der Mensch musste ihnen vertrauen, dass sie dies auch zu leisten imstande waren. Eine enge Verbundenheit entstand und dafür unabdingbar war es, die Pferdesprache lesen zu können. Dabei wurde das Wissen rund um das Pferd von Generation zu Generation weitergegeben. Heute ist das Reiten zu einer Sportart, einem Hobby geworden, dem sich viele Menschen zuwenden können. Jedoch unterscheiden sich der Umgang mit dem Pferd und die Intention, was man mit dem Pferd gemeinsam erleben möchte, in vielen Aspekten von diesen früheren Zeiten. Kaum jemand füttert und tränkt heute sein Pferd noch selbst oder hat es in einem kleinen Stall hinter dem Haus stehen. Serviceleistungen in einem Pensionsstall sind neben der Fütterung auch das Herausbringen oder Hereinholen der geliebten Vierbeiner auf die und von der Weide. Wir nutzen und brauchen das Pferd überwiegend nicht mehr als Arbeitstier oder Transportmittel, sondern es „dient" oft „nur" unserem reinen Privatvergnügen. Hierbei lassen wir es vielleicht sogar ein paar Tage in der Woche von unserem Ausbilder bereiten, sind eventuell selbst ganz ohne einen Kontakt zu Tieren aufgewachsen und letztendlich bleiben uns neben unserer Arbeit und der Familie häufig nicht mehr als ein bis zwei Stunden am Tag, um uns unserem Pferd zu widmen. Der Mensch möchte diese kurze und kostbare Zeit effektiv nutzen. Das Reiten und das „Spaß haben" steht im Vordergrund – seltener fällt überhaupt die Frage, wie es unserem Pferd wohl an diesem Tag wirklich geht. Wir sollten uns nicht scheuen, eine ehrliche Antwort auf die Frage finden zu wollen: Ist unter diesen Voraussetzungen ein guter Umgang, welcher auf Vertrauen und Verständnis zwischen Pferd und Mensch basiert, am Boden oder im Sattel überhaupt realistisch herstellbar und möglich? Lernen wir unser Pferd dadurch kennen und das Pferd uns, sodass wir einander wirklich vertrauen können? Können wir auf diese Art und Weise unserem Pferd ein fairer und verlässlicher Partner werden?

Unfälle? Nein danke!

Laut bisherigen Studien liegt das Reiten im mittleren Bereich der Häufigkeit von Unfällen, die in der Freizeit vorkommen. Jedoch geschehen laut Prof. Dr. Norbert M. Meenen, Unfallchirurg und Orthopäde, Sektionsleiter Gelenkchirurgie für Kinder und Jugendliche sowie für Kindersportmedizin am Asklepios Klinikum St. Georg Hamburg *beim Reiten ein Viertel aller tödlichen Unfälle im Kindesalter, häufiger geschieht das nur bei Verkehrsunfällen."*

Ein jeder Unfall ist fraglos einer zu viel! Aber was noch viel eklatanter als diese Zahlen ist, ist die Tatsache, dass der überwiegende Teil der Unfälle im Umgang mit dem Pferd oder beim Reiten nicht passieren müssten! Sie geschehen aus Unwissenheit oder Leichtsinn, durch Selbstüberschätzung, fehlende oder mangelhafte Ausrüstung und unterdurchschnittliche fachkundige Anleitung durch einen „Ausbilder", der nicht über das notwendige Fachwissen verfügt oder schlicht aus Fahrlässigkeit Aussagen trifft wie „Jeder fällt einmal vom Pferd – das gehört zum Reiterleben dazu!" oder gar „Wer nicht zehnmal vom Pferd gefallen ist, ist kein guter Reiter." Diese (Glaubens-)Sätze prägen unsere reiterliche Gesellschaft und hängen gleich einem Damoklesschwert über so manchem Reiter. Schnell lösen solche

Unfälle durch fachkundigen Umgang mit dem Pferd vermeiden

Ein Text von Prof. Dr. Norbert M. Meenen

Die *Unfallhäufigkeit* (Verletzte pro 10.000 Stunden) beim Reitsport findet sich im Mittelfeld hinter Fußball und allen anderen Ballsportarten, hinter Alpinski und Snowboard und hinter Motorsportarten, jedoch deutlich vor Radsport und Leichtathletik. (Quelle Giannina Bianchi: BFU Sicherheitsanalyse im Reitsport). Die Unfallhäufigkeit im Reitsport varriiert zwischen 1.6 und 20 Verletzte pro 10.000 Stunden. Ernsthafte Pferdesportler verbringen allerdings einen erheblichen Anteil ihrer Freizeit mit Pferden, sodass hier viele Stunden pro Woche anfallen.

Zusammenfassend zeigt die Literatur: 20 Prozent aller Reiter erleiden in ihrer Karriere einen schweren Unfall, das kumulative Risiko, irgendeine Verletzung zu erleiden liegt bei 81 Prozent, ein Viertel aller tödlichen Kinderunfälle ereignen sich beim Reiten oder Umgang mit dem Pferd. (Meyberry 2007) Die Unfallhäufigkeit ist aber nur ein Teilaspekt, besondere Aufmerksamkeit erhält der Reitsport durch die teilweise erhebliche Schwere der Verletzungen, die in Einzelfällen auch tödlich sein können. Ähnlich schwere Verletzungen kommen auch häufiger bei den Rasanzsportarten Ski- und Radsport vor,

wie auch bei den Motorsportarten. Der Frauenanteil der Reiter liegt in Mitteleuropa bei über 80 Prozent. Auch in der Jugend- und Kindergruppe liegen die weiblichen Reiter in vergleichbarem Anteil.

Frauen haben einen hohen Anteil an den Verletzungen entsprechend ihrem Anteil an der reitenden Bevölkerungsgruppe. Männer verletzen sich ebenfalls ihrem Anteil entsprechend, haben aber oft deutlich schwerere Traumen.

Kinder und Jugendliche stellen insgesamt einen hohen Anteil aller Reiter dar, ihr Anteil an den Unfällen ist aber noch höher: Reiter unter 16 Jahren haben eine höhere Unfallhäufigkeit als Erwachsene.

70 bis 80 Prozent der Unfälle ereignen sich beim Reiten, mehr als 20 Prozent bei der Beschäftigung rund um das Pferd, hier vor allem beim Verladen, Führen, Füttern und Beschlagen.

Es existieren kaum belastbare Zahlen zu Stürzen im Reitsport, da viele Reiter meist auf privatem Grund und meist unorganisiert ihrem Sport nachgehen. Im Freizeitbereich treten eine Vielzahl von Unfällen auf, die aber nur bei Behandlungsnotwendigkeit in

Prof. Dr. Norbert M. Meenen ist Unfallchirurg und Orthopäde, Sektionsleiter Gelenkchirurgie für Kinder und Jugendliche sowie für Kindersportmedizin am Asklepios Klinikum St. Georg Hamburg, zertifizierter Traumamanager, Mitgründer und Sprecher der Hamburger AG Reitsicherheit in Hamburg, medizinscher Sicherheitsberater der FN und des DOKR.

Praxen oder Kliniken als solche registriert werden. *Alle nicht behandelten oder nicht als Reitunfälle angegebenen Verletzungen werden nicht zugeordnet oder registriert.*

Grundsätzlich kann man sagen, dass mit zunehmender *Erfahrung* die Sturzhäufigkeit sinkt, dieser Effekt wird aber bald wieder reduziert dadurch, dass erfahrene Reiter bald schwierigere, jüngere Pferde und mit steigenden Anforderungen (Springen, Gelände) reiten. Besonders deutlich wird dieser Effekt in der Vielseitigkeit: Hier haben die höchste Sturzhäufigkeit die Reiter in der anspruchsvollsten Klasse (4*), obwohl sie über die größte Erfahrung verfügen.

Kinder haben ein etwas anderes Verhalten: Nach einer Phase der Vorsicht und des Respekts vor dem Pferd kommt es nach einigen Jahren Reiterfahrung bei fehlendem Risikobewusstsein und geringer Selbstkritik sowie übersteigertem jugendlichem Mut zu erhöhter Unfallfrequenz und -schwere.

Das wichtigste Risiko für den Sturz des Reiters stellt das Pferd mit seinen Eigenschaften dar, auf die in diesem Buch besonders hingewiesen wird: Pferde sind vor allem schnelle und schwere Fluchttiere, die Herdenverhalten zeigen. Wenn dann der Reiter noch über wenig Erfahrung verfügt und nicht durch persönliche Sicherheitsutensilien geschützt ist, sind bei Stürzen Verletzungen vorprogrammiert. Das Verhalten von Pferden ist durch Erfahrung vorhersehbar, die Verhaltensmuster sind erlernbar, die Einflüsse durch Geräusche oder optische Reize sind nachvollziehbar, durch Anwärmprozeduren und Gewöhnung zum Beispiel durch Longieren vor dem Reiten kann die Unfallgefahr deutlich reduziert werden.

Gedanken Angst aus. Angst ist jedoch kein guter Begleiter, denn unsere Pferde spüren sie und reagieren darauf.

Betrachtet man in diesem Zusammenhang eine Studie der Uelzener Versicherungen aus dem Jahre 2015, liegen deutlich mehr Gefahrenpunkte und Unfälle im Bereich des Reitens als im Umgang mit dem Pferd. Bei allen Reitergruppen von Erwachsenen bis hin zu Kindern, von Reitbeteiligungen bis zu Reitern von Schulpferden ist die Hauptursache von Unfällen sogenanntes tierisches Verhalten. Dieses kann sich in einer instinktgesteuerten plötzlichen Fluchtreaktion, wenn das Pferd erschrickt, durchgeht, plötzliche Richtungswechsel oder Abwehrreaktionen wie Buckeln, Ausschlagen oder das Verweigern eines Hindernisses zeigt, äußern. Auch Ausbildungsdefizite wie das Hochreißen des Kopfes oder eine falsche Hilfengebung durch den Reiter, die das Pferd zu ungewollt heftigen Reaktionen veranlassen, werden als Ursachen für Unfälle aufgeführt. Gar nicht so selten sind zudem Übermut, Leichtsinn und Fahrlässigkeit des Menschen Gründe für Unfälle. Auch abstruse Turnübungen auf einem Pferd gehören mit dazu. Unfälle am Boden geschehen nicht ganz so häufig, sind jedoch auch keine Ausnahme. Um sich tretende oder beißende Pferde, ein Durchgehen an der Hand durch Erschrecken oder

ein Losreißen kommen öfter vor als man meint und treffen vor allem Pferdepfleger, Stallpersonal oder andere „Helfer" der Pferdebesitzer. Unwissenheit im Umgang mit alltäglichen Routinearbeiten rund um das Pferd, angefangen vom Halftern über das korrekte Führen (auf die Weide) bis hin zum Eindecken, Trensen oder Satteln, ist ein nicht zu unterschätzendes Risiko.

Die hier genannten Beispiele verdeutlichen, dass die Pferde zu einem großen Teil ihrem Menschen eben nicht vertraut haben und sich bei ihm nicht sicher fühlten! Der Mensch konnte seine Rolle als Vertrauensperson, welche Sicherheit ausstrahlt, nicht erfüllen. Oder das Pferd war mit den Aufgaben, die es zu bewältigen sollte, überfordert oder hatte ganz einfach nicht verstanden, was sein Mensch von ihm wollte. Pferdeverhalten wird oftmals falsch oder unzureichend verstanden und interpretiert. Belegt wird dies durch eine hohe Zahl an Unfällen, die im Umgang geschehen, weil Menschen beispielsweise zwischen die Rangordnung klärende Pferde geraten sind.

Zudem haben auch wir uns verändert. Waren gerade die Kinder noch vor nicht allzu langer Zeit beweglich, sportlich und immer körperlich aktiv – so sind sie heute oftmals unsportlich, leiden unter mangelnder Bewegung und Beweglichkeit. Stürze enden viel seltener glimpflich, weil

Mit der richtigen Vorbereitung gestaltet sich das Reiten als eines der schönsten Hobbys der Welt!

die kleinen oder auch großen Reiter steif und schwer vom Pferd fallen, statt sich weich und geschickt abzurollen. Ein wenig Wahrheit ist in den alten Reiterweisheiten wie „Jeder fällt einmal vom Pferd!" sicher enthalten, denn selbst die beste Vorbereitung von Pferd und Mensch kann unvorhergesehene Situationen, welche den Reiter von seinem Pferd trennen, nicht gänzlich verhindern. Jedoch sollte dies eben nur ein winziges Quäntchen sein, denn die meisten Unfälle am und auf dem Pferd lassen sich durch eine bessere Vorbereitung am Boden, eine korrekte Ausrüstung, sichere Ausbildungsbetriebe, kompetente Ausbilder und gut ausgebildete Pferde schlicht und ergreifend vermeiden – und damit alle mit ihnen einhergehenden Risiken.

Sicher am Boden – sicher unter dem Sattel

Ein Text von Peter Kreinberg

Wann lässt sich von sicherem Reiten sprechen? Wichtige Voraussetzung ist, das Pferd jederzeit in Richtung und Tempo lenken zu können, um Überreaktionen weitestgehend auszuschließen. Ferner sollte es durch angemessene Ausbildung und Gymnastizierung (Dressurarbeit) körperlich und mental für unterschiedliche reiterliche Verwendungsbereiche fit gemacht werden. Dazu gehören Spring-, Dressur- oder Western- ebenso wie Geländereiten. Eine solche Kontrolle gelingt auf zwanglose Weise, wenn die unmissverständliche Verständigung zwischen Reiter und Pferd möglich ist. Das kann vom Sattel aus fast nur über Berührungssignale gelingen: die „Hilfengebung". Damit ist das ganze Spektrum von Berührungsreizen (Schenkel, Zügel, Zäumungseinwirkungen) sowie Balanceänderungen gemeint. Reiter sollten in der Lage sein, mit zwangloser Hilfengebung dem Pferd die eigene Vorstellung davon, wo und wie es unter ihnen laufen soll, zu übermitteln. Vom Pferd wird erwartet, dass es die Signale versteht, den „Leitanspruch" des Reiters widerstandslos akzeptiert, sich entsprechend verhält und bewegt. Diese Kommunikation über taktile Reizsetzung beziehungsweise eine feine Hilfengebung kann nicht ohne Weiteres vorausgesetzt werden. Reiter und Pferd müssen sie erlernen. Grundlagen werden in systematischer Bodenarbeit geschaffen, Signale der Körpersprache mit denen der taktilen Signalgebung systematisch verknüpft. Findet dieser Lernprozess nicht oder unvollständig statt, so empfindet ein Pferd Berührungsreize (mit Gebiss oder Zäumung, mit Schenkel, Gerten- oder Sporenkontakt) als Störung, Behinderung oder sogar als offensiven oder aggressiven Akt. Entsprechend wird es zu körperlichen Verspannungen, Widersetzlichkeiten oder ängstlichem Verhalten neigen und bei zusätzlicher Irritation durch Umwelteinflüsse zunehmend widersetzlich und unkontrollierbar reagieren. Im Verlauf einer systematischen Schulung am Boden können Pferde am Besten gewünschte gute Manieren im Umgang wie Verhaltensweisen, die bei einem gut geschulten Reitpferd erwünscht sind, erlernen. Dazu gehört eine geregelte Individualbeziehung und Sozialpartnerschaft mit klarer Rollenverteilung. Der Leitanspruch, den der Reiter im Sattel stellen muss, sollte schon im Umgang am

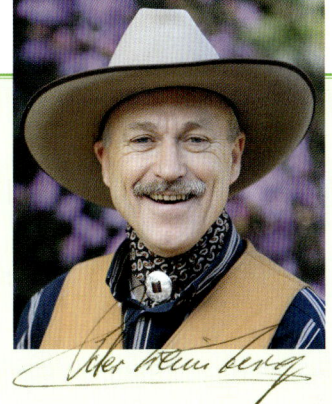

*Peter Kreinberg hat die Methode „The Gentle Touch®"
entwickelt, die seit Jahren auch in Fachkreisen aner-
kannt ist. Reitweisenübergreifend wird konsequent
das Pferd mit seinen natürlichen Bedürfnissen und Möglichkeiten in den Vordergrund gestellt. So hilft Peter
Kreinberg Menschen, Pferde besser zu verstehen und
sich harmonischer mit ihnen zu bewegen.*

Boden erarbeitet werden. Der Mensch kann
im Rahmen systematischer Bodenarbeit lernen, das eigene Verhalten dem Pferd gegenüber eindeutig, verständlich und bestimmt
zu gestalten und die individuellen Besonderheiten des einzelnen Pferdes besser einzuschätzen. Da Pferde in ihrem natürlichen
Instinktverhalten (Schreck- Fluchtverhalten,
Herdeninstinkt,) zu besonders unkontrollier-
tem und risikobehaftetem Verhalten neigen,
ist eine systematische Umkonditionierung
des „Fluchttieres Pferd" zu einem kontrollier-
barerem und sichererem Verhalten ratsam.
Auch das lässt sich im Umgang am Boden
besser erarbeiten als vom Sattel aus.

**Die Risiken für Reitunfälle können also
deutlich minimiert werden, wenn ein Pferd
schon im Umgang am Boden lernt, ...**

... den Leitanspruch des Menschen zu akzeptieren,

... sein eigenes Schreck-, Flucht- und Herdenverhalten zu ändern,

... Berührungssignale als Hilfen zu verstehen,

... Richtungs- und Tempoanweisungen anzunehmen,

... Gelassenheit, Geduld und Vertrauen zum
„Partner Mensch" zu entwickeln

**und wenn Reiter/innen ebenso schon im
Umgang am Boden lernen, ...**

... sich unmissverständlich durch taktile Signalgebung verständlich zu machen,

... den eignen Leitanspruch dem Pferd gegenüber angemessen zu definieren,

... dem Pferd in Schrecksituationen die nöti-
ge Sicherheit und Führung zu geben,

... die individuellen Eigenarten eines Pferdes
richtig einzuschätzen,

... dem Pferd in Balance, Koordination und
Geschmeidigkeit die richtige Hilfestellung
anzubieten sowie

... das Pferd für seine jeweiligen Aufgaben
unter dem Sattel systematisch vorzubereiten.

Pferd und Mensch auf Augenhöhe

Für ein harmonisches Miteinander zwischen Pferd und Mensch ist es von großer Bedeutung, dass wir das Pferd als Persönlichkeit und Individuum achten und bereit dazu sind, die Stärken und Schwächen unseres vierbeinigen Freundes zu erkunden und zu akzeptieren.

Wünscht sich der Reiter ein gesundes, leistungsbereites und freudig mitarbeitendes Pferd, so ist es unabdingbar, dass er sich mit seinem arttypischen Verhalten auseinandersetzt.

Pferde sind heute in einer beinah ausnahmslos vom Menschen gestalteten Umwelt (zumindest in unseren Breitengraden) in vielerlei Hinsicht stark gefordert. Unzählige unnatürliche Reize in Form von Geräuschen, Gegenständen bewegter und unbewegter Natur, ein eingeschränkter Bewegungsraum sowie eine große Abhängigkeit von uns Menschen prägen den Lebensraum und das Leben der Pferde. Hinzu kommen noch unsere Ansprüche und Erwartungen, die das Pferd zu einem sicheren und verständnisvollen Partner „erziehen" möchten. Trotz der Domestikation, die seit vielen Jahrtausenden stattfindet, sind die natürlichen Bedürfnisse und Instinkte als Herden- und Lauftier nach wie vor uneingeschränkt vorhanden. Allen Pferden ist der Wunsch nach dem Überleben angeboren. Dieses sichern ihm in der Wildnis seine Artgenossen, die zu ausreichenden Weideflächen und Wasserstellen führen und Schutz innerhalb der Herde bieten.

Unser Pferd ist heute vielen unnatürlichen Reizen in einer von den Menschen stark geprägten Umwelt ausgesetzt. Mit Ruhe und Vertrauen kann es lernen, sie entspannt zu akzeptieren.

Droht Gefahr, flüchtet das Pferd – wenn es kann. Fühlt es sich hingegen bedrängt und sieht keine Flucht- oder Ausweichmöglichkeit, verteidigt es sein Leben auch mit Hufen und Zähnen. Die Sinne des Pferdes sind fein entwickelt und sehr geschärft für alles, was in seiner Umgebung geschieht. Wird es mit schnellen, hektischen oder unbekannten Dingen, die ihm Angst einflößen, konfrontiert und erhält es keine Chance, sich entweder damit auseinanderzusetzen oder dem Menschen an seiner Seite zu vertrauen, dann wird es instinktiv flüchten oder sich verteidigen.

„Wir leben in einem gefährlichen Zeitalter. Der Mensch beherrscht die Natur, bevor er gelernt hat, sich selbst zu beherrschen."

Albert Schweitzer

Wir als Mensch sind in der Pflicht und tragen die Verantwortung, Gegebenheiten und Situationen sicher für das Pferd und damit für uns selbst zu gestalten.

Das uns anvertraute Pferd ist so in die Welt der Menschen einzuführen, dass für alle Beteiligten, seien es Tierarzt, Schmied, Reitbeteiligung, Pferdepfleger oder andere, keine Gefahr besteht. Pferde, welche keine faire und ehrliche Grunderziehung im Sinne des Tieres erhalten und nicht gelernt haben, bestimmte Verhaltensregeln zu akzeptieren, stellen ein enormes Sicherheitsrisiko für sich und den Menschen dar.

Führungspersönlichkeit gesucht

Ein guter Reiter ist seinem Pferd eine vertrauensvolle Führungspersönlichkeit, auf die es sich in jedem Moment des Zusammenseins verlassen kann. Er verhält sich klar, berechenbar und ist stets bemüht, fair und angemessen zu handeln. Gibt es zwischen Pferd und Mensch Kommunikationsstörungen, reflektiert der Reiter zunächst sein eigenes Tun und überlegt, wie er das, was er sich von dem Pferd wünscht, noch besser zu erklären vermag. Entstehen jedoch in einer Situation Gefühle wie Wut, Angst oder Hilflosigkeit, sollte man innehalten, tief durchatmen und: einfach noch einmal von vorne beginnen. Wut oder Gewalt gegen Tiere entstehen häufig aus Hilflosigkeit, weil das Gewünschte nicht vom Tier erfüllt wird. Hier heißt es, Selbstdisziplin zu üben, in den Anforderungen einen Schritt zurückzugehen und Hilfe bei einem erfahrenen Ausbilder zu suchen.

Auch der Besuch von Weiterbildungsmaßnahmen oder das Lesen von Fachbüchern sollten Ihnen eine Herzensangelegenheit sein. Schulen Sie Ihr eigenes Auge, Ihr Gefühl und Ihren Verstand.

Ein gut strukturierter, realistischer (Ausbildungs-)Plan dient als roter Faden im gemeinsamen Miteinander zwischen Pferd und Mensch. Hierbei sollte das Pferd durch seine individuellen Möglichkeiten und Fortschritte die benötigte Zeit und Größe der einzelnen Ausbildungsschritte bestimmen.

Selbstreflexion, eine nie aufhörende Lust am gemeinsamen Lernen und eine große Portion Humor lassen Sie zu einem guten Partner für Ihr Pferd werden.

Ein junges Pferd muss erst lernen, dass von dem vermeintlichen Raubtier auf seinem Rücken keine Gefahr ausgeht.

„Beaujolais" lernt voller Freude auf die Hilfen seiner Reiterin zu reagieren.

Wünsch dir was

Wir möchten mit dem Pferd partnerschaftlich kommunizieren. Dazu gehört einerseits, dass wir ihm unsere Wünsche mitteilen und andererseits, dass wir ihm zuhören und offen dafür sind, seine Vorschläge aufzunehmen.

Natürlich ist es unser Anliegen, dass es etwas tut, was wir uns wünschen. Jedoch sollten wir immer bestrebt sein, jede Übung, jede Herausforderung, jede Lektion gemeinsam mit dem Pferd bewältigen zu wollen. Haben Sie dabei viele unterschiedliche Lösungsansätze in Ihrem Gepäck, wird es Ihnen leicht fallen, den richtigen Weg für sich und Ihr Pferd zu finden. Überforderung in jeglicher Hinsicht führt nicht nur zu Abwehrreaktionen oder gesundheitlichen Folgen für das Pferd sondern auch zu einem erhöhten Gefahrenpotential.

Bei jungen Pferden gilt es, ihnen einen dem Alter entsprechenden Start in ein gutes Reitpferdeleben durch umsichtige, ruhige Gewöhnung an alle Ausrüstungsgegenstände zu ermöglichen. Besondere Sorgfalt ist in allen Ausbildungsschritten geboten, unabhängig davon, ob Sie gerade vom Boden aus arbeiten oder ob Ihr Pferd die Grundausbildung unter dem Reiter erfährt.

Der Mensch sollte hier stets geduldig und fair agieren, um das Pferd freundlich und Sicherheit gebend in den gemeinsamen Alltag mit all seinen Herausforderungen einzuführen. Seine Hilfen und Hilfsmittel dürfen nie gewaltsam gegen das Pferd eingesetzt werden, da hierdurch das Vertrauensverhältnis nachhaltig gestört werden kann.

Bei allem positiv zu wertenden Freundschaftsgedanken zwischen Pferd und Mensch, gilt es zu bedenken, dass sich ein Pferd nur mit uns sicher fühlt, wenn es uns als seine Vertrauensperson akzeptiert hat. Dies wird schnell mit dem negativ geprägten Begriff der „Dominanz" verbunden, jedoch ist damit eine positive Ausübung der Leitfunktion gemeint – die auf Vertrauen beruht und nichts mit der Ausübung von Gewalt zu tun hat. Vertrauen und Dominanz – nicht Dominanz und Angst – sind die Begriffe, um die es uns gehen sollte.

Diese angestrebte, ranghöhere Position kann sich der Mensch durch einen artgerechten Umgang gewissermaßen verdienen – und nur scheinbar erreichen, indem er gewaltsam auf das Pferd einwirkt. Dann entsteht Angst, wo aber Angst ist, muss Vertrauen weichen. Das Pferd wird in diesem Fall, sobald es eine Chance erhält, gegen seinen Peiniger zu agieren, kämpfen, vor ihm fliehen oder resignieren. Dadurch entstehen unkontrollierbare Gefahrensituationen. Andererseits ist ein Pferd, welches sich aufgegeben hat auch kein Partner, den

„Die Seele des Pferdes lebt immer in der Herde. Der Reiter ist immer ein Teil der Herde. Er kann seinen Platz nicht immer bestimmen, er muß sich vielmehr darum bemühen, den Platz zu gewinnen, den er für die Ausbildung braucht. Er muß sich verpferdlichen."

Helmut Beck-Broichsitter: *Gesammelte Werke.*

Sie sich an Ihrer Seite wünschen. Nehmen Sie sich daher die *Leitlinien für den Tierschutz im Pferdesport* der Arbeitsgruppe Tierschutz und Pferdesport (1. November 1992) zu Herzen, denn dort heißt es:

„Der Mensch soll seine ranghöhere Position durch Einfühlung und Zuwendung zum Pferd, Wissen und Erfahrung, Konsequenz und Bestimmtheit erreichen. Brutalität erzeugt nicht höheren Rang, sondern Feindschaft. Der Mensch muß begreifen, dass das Pferd nur dann ‚Fehler' macht, wenn es die Hilfen nicht verstanden hat, es abgelenkt ist, das Verlangte zu häufig wiederholt wird (beispielsweise durch ständiges Üben derselben Lektion) oder das Pferd überfordert ist. Er muß auch wissen, dass solche ‚Fehler' und scheinbarer Ungehorsam auch aus körperlichen oder gesundheitlichen Mängeln oder aus früherer Überforderung entstehen können."

Was mein Pferd mir sagen will

Es ist eine Tatsache, dass die meisten Missverständnisse oder Harmoniestörungen und die damit verbundene mangelnde Freude oder ausbleibenden Erfolge mit dem Pferd ebenso wie eine große Anzahl von Unfällen vermieden werden könnten. Statistisch gesehen, so ermittelten die Uelzener Versicherungen im Jahr 2015, ist die Unfallwahrscheinlichkeit im Freizeitreiterbreich am größten. Das arttypische Verhalten des Pferdes richtig zu deuten und dementsprechend bereits entweder vorausschauend oder souverän situationsbedingt zu reagieren, ist hier einer der wichtigsten Aspekte, die zugunsten der Sicherheit aller berücksichtigt werden müssen. Dazu bedarf es eines aufnahmewilligen Schülers, der bereit ist, sein Pferd verstehen zu lernen. Es braucht aber auch sehr gute (professionelle)

„Alles, was die Natur selbst anordnet, ist zu irgendeiner Absicht gut. Die ganze Natur überhaupt ist eigentlich nichts anderes, als ein Zusammenhang von Erscheinungen nach Regeln; und es gibt überall keine Regellosigkeit.“

Immanuel Kant

Vorbilder und ausgezeichnete Trainer, die Kinder wie Erwachsene gleichermaßen mit Herz und Verstand anzuleiten vermögen. Ein Pferd *re*agiert auf seine Umwelt und seine inneren Bedürfnisse (beispielsweise Hunger, Durst, Fortpflanzung, Ängste). Es *a*giert selten von sich aus und nie ohne Grund, denn dafür würde es in der Natur viel zu viele unnötige Energiereserven verbrauchen. Die Basis für sein Verhalten bilden seine bereits (mit dem Menschen und seiner Umwelt) gemachten Erfahrungen in Kombination mit seinem instinktiven, angeborenen Verhalten. Es kündigt seine Stimmungslage, seine Freude, seine Sorgen oder Ängste an. Feinste Signale, die es durch seine Körpersprache sendet, geben uns einen Hinweis auf darauffolgende Reaktionen und Verhaltensweisen. Für jenen, der noch über wenig Erfahrung im Umgang mit Pferden verfügt – oder für denjenigen, der noch nicht gelernt hat, so genau zu beobachten, wirkt das manchmal „wie aus dem Nichts" – ist es aber nicht!

Denken Sie daran, dass ein Pferd in jeder Sekunde lernt! Das ist wunderbar – wenn es in eine von uns gewünschte Richtung geht und ungünstig, wenn wir aus Unachtsamkeit durch unsere eigene Körpersprache und unser Verhalten unerwünschte Reaktionen hervorrufen und diese situationsbedingt vom Pferd als „positiv" abgespeichert werden.

Heute gibt es eine Fülle an sehr guter Fachliteratur und Ausbildern, die sich intensiv mit der Ethologie des Pferdes auseinandergesetzt haben. Hierbei sind im Laufe der Jahrhunderte viele Theorien entstanden, wie eine sinnvolle Ausbildung aussehen kann. Bekanntlich führen viele Wege nach Rom und so gibt es nicht nur einen einzigen Ausbildungsweg, den man befolgen müsste, wenn man erfolgreich mit seinem Pferd arbeiten möchte. Es ist sogar sehr sinnvoll, sich mit den verschiedensten Strömungen auseinanderzusetzen, um seinen eigenen Weg zu finden.

Die feinen Sinne des Pferdes

Die Entwicklungsgeschichte des Pferdes währt schon rund 60 Millionen Jahre und beinahe alle arttypischen Verhaltensweisen haben sich bis heute trotz unserer Domestizierung bewahrt. In der freien Wildbahn sichert die hohe Sensibilität des Pferdes, seine große Wachsamkeit, sein schnelles Reaktionsvermögen und im Notfall seine Wehrhaftigkeit gegenüber Beutegreifern sein Überleben. Der gesamte Bewegungsapparat ebenso wie sämtliche überlebensnotwendigen Funktionen des vegetativen Nervensystems sind darauf ausgerichtet, dass ein Pferd beinahe aus jeder Situation heraus unmittelbar im schnellsten Tempo flüchten kann. Die Zugehörigkeit zu einer

Um die Verhaltensweisen des Pferdes zu verstehen, sollte der Mensch bereit sein, die Welt einmal mit den Augen seines vierbeinigen Partners zu betrachten.

Herde gibt insofern Sicherheit, als immer mindestens ein Pferd Wache hält und vor Gefahren warnt. Die Gemeinsamkeit bietet Schutz, ermöglicht lebenswichtige Sozialkontakte und auch Freundschaften können hier geknüpft werden.

Die Tatsache, dass das Pferd von Natur aus ein neugieriges, aufgeschlossenes, intelligentes und sehr soziales Lebewesen ist, ermöglichte uns Menschen letztlich die Domestizierung.

Dabei sind wir seinen natürlichen Verhaltensweisen nicht hilflos ausgeliefert, sonst wäre eine solche unnatürliche „Angelegen-

Nach der ersten Flucht vor dem unbekannten Objekt folgen die vorerst zurückhaltende Hinwendung zu d unheimlichen Gegenstand.

heit", wie das Reiten, vermutlich viel zu gefährlich. Vielmehr kann ein Pferd durch das Zusammensein mit einem sicheren Menschen als Orientierung, förderlichen Lebensbedingungen in einem ihm angenehmen Umfeld und einer artgerechten Ausbildung lernen, seine Instinkte zu kontrollieren und uns „zuzuhören". Es eignet sich im Laufe seines Lebens „in Menschenhand" eine höhere Toleranz an, seine Reizschwelle für die unterschiedlichsten Dinge und Situationen sinkt und lässt es einen entspannten Sport- und Freizeitpartner, einen guten Freund an unserer Seite sein.

Als Sinne des Pferdes bezeichnen wir seinen Tast-, Geschmack-, Geruchs-, Gesichts- und Gehörsinn. Pferde haben einen sehr feinen **Tastsinn.** Verschiedene Sinneszellen, die über den ganzen Körper verteilt sind, leiten die mechanischen Kräfte, die bei einer Berührung der Haut beziehungsweise des Fells oder auch der Hufe entstehen, in Nervenerregung um.

Pferde reagieren zum Beispiel mit einem Zucken der betreffenden Körperregion auf die kleinste Berührung der Haut. Wer dies einmal beobachtet hat, den wundert es sicher, dass so viele Pferde selbst auf eine starke Einwirkung des Menschen bis hin zu Zwangsmaßnahmen nicht mehr zu reagieren scheinen. Diese Pferde sind von Natur aus in keinster Weise dumm oder faul, vielmehr haben sie erfahren müssen, dass die Handlungen ihres Menschen keine Bedeutung für sie haben und sie haben gelernt(!), diese zu ertragen, zu ignorieren oder sich im schlimmsten Fall durch eine Abwehrreaktion zu befreien. Um eine feine und positive Reaktion auf die Hilfengebung erwarten zu können, muss der Mensch sie dem Pferd zumindest einmal geduldig vermitteln, bis es sie verstanden

orsichtige Annäherung und dann eine intensive Auseinandersetzung mit dem anfangs scheinbar so

hat. Aber nicht nur der Körper des Pferdes ist so sensibel. Am Maul sorgen die langen Tasthaare dafür, dass verschiedene Futterarten erkannt und in der Folge mit den Lippen sehr sauber voneinander getrennt werden. Zum Leidwesen manchen Besitzers, der Medikamente in Äpfeln versteckt oder unter den Hafer rührt und erleben muss, wie sein Pferd alles frisst – bis auf das weiße Pulver, dass er so mühevoll platziert hat. Es gehört zum aktiven Tierschutz, dass die Tasthaare im Maul-/Nüstern- und Augenbereich niemals abgeschnitten werden dürfen!

Der **Geschmackssinn** schützt das Pferd vor giftigem oder unbekömmlichem Futter. Ein Pferd besitzt von Natur aus Geschmacksvorlieben, jedoch vervollständigt erst die Beobachtung der Mutter und der anderen Herdenmitglieder dieses Wissen. Ebenso wie wir Menschen, können Pferde

mithilfe von Geschmacksrezeptoren auf der Zunge die vier Geschmacksrichtungen süß, salzig, sauer und bitter unterscheiden. Wobei bitteres Futter häufig gemieden wird, denn in der Natur sind es die giftigen Pflanzen, die bitter schmecken. Achtung: Gerade bei aus anderen Breitengraden importierten Pferden ist äußerste Vorsicht geboten, denn diese „kennen" unsere Giftpflanzen gegebenenfalls nicht und würden sie im Zweifelsfall sogar probieren. Prinzipiell gilt, dass Giftpflanzen aller Art nicht in die Reichweite von Pferden gehören! Auch unsauberes Wasser erkennt das Pferd durch den Geschmackssinn, prüft dieses aber meist vor dem Trinken schon mithilfe seines Geruchssinnes.

Der **Geruchssinn** des Pferdes ist nicht mit dem eines Hundes vergleichbar, aber Pferde können dennoch Raubtiere oder Wasserstellen in sehr weiter Entfernung wittern! Für das Sozial- wie auch für das Paarungsverhalten ist der Geruchssinn einer der wichtigsten. Pferde sind in der Lage, den spezifischen Duft eines Lebewesens aufzunehmen, zu speichern und für die Wiedererkennung zu nutzen. Erst später spielt ein bestimmter Laut oder das Aussehen für das Erkennen (des Menschen) eine Rolle. Auch an unbekannte Gegenstände wagen sich Pferde zuerst mit der Nase heran. So entsteht eine erste Annäherung an das „gruselige" Objekt wie beispielsweise eine Plane am Boden zunächst einmal durch eine Bestandsaufnahme mit der Nase sowie im Folgenden durch die Berührung mit dem Maul: „Was ist das denn?" Möchte Ihr Pferd etwas voller Interesse mit Nase und Maul erkunden, dann geben Sie ihm die Chance, den Gegenstand in Ruhe zu beschnuppern, denn dadurch wird es lernen, dass das anfangs Gefürchtete völlig ungefährlich ist. Sie können diese Neugier fremden Gegenständen und ungewohnten Situationen gegenüber noch fördern, indem Sie beispielsweise auf die „gefährliche" Mülltonne ein Leckerli legen, welches es suchen darf. So wird es mit Gegenständen, vor denen es Angst oder Unruhe zeigt, vertraut und lernt, dass diese, wenn man ganz mutig ist, etwas Angenehmes in Form von Futter oder einer Krauleinheit bereithalten.

Für das Überleben in der Wildbahn spielt der **Sehsinn (Gesichtssinn)** des Pferdes eine wesentliche Rolle. Dieser ermöglicht ihm, selbst kleinste Bewegungen auf größte Distanzen wahrzunehmen. Sind die Augen von uns Menschen wie bei den meisten Raubtieren nach vorne ausgerichtet und fokussieren wir mit beiden Augen einen Punkt oder ein Objekt, so befinden sich die Augen des Pferdes seitlich am Kopf. Dadurch verfügt es nahezu über eine Rundumsicht. Jedoch kann es innerhalb dieses Radius' manches weniger scharf erkennen und es gibt einen Bereich – den toten Winkel – in dem das Pferd nichts sieht. Dieser befindet sich beispielsweise bei erhobenem Kopf circa eineinhalb Meter vor und direkt hinter beziehungsweise auf ihm, dort wo der Reiter sitzt. Nimmt es nun Bewegungen, welche schräg vor oder hinter ihm stattfinden, plötzlich wahr, kann es leicht erschrecken, da es die Ursache schlecht oder eben gar nicht sehen kann. In der Ferne hingegen sieht das Pferd mit erhobenem Kopf besonders gut. Dieses Vermögen, geringste Ortsänderungen eines Objektes durch seinen großen Blickwinkel wahrzunehmen, befähigen das Pferd, Beutegreifer rechtzeitig zu entdecken und bei Gefahr die Flucht zu ergreifen und/oder sich gezielt zur Wehr zu setzen. Ein erhobener Kopf bei unerwarteten Bewegungen in der Umgebung des Pferdes ist also ein natürlicher Instinkt zum Schutz des eigenen Lebens. Ausgerechnet beim Reiten befinden wir uns in einer

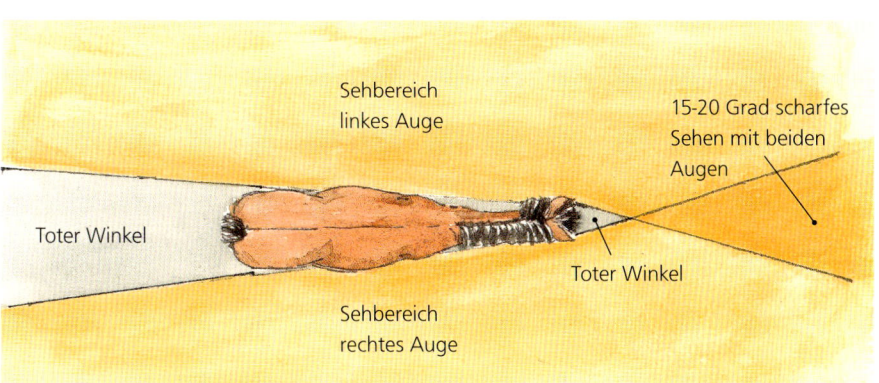

Sehbereich
linkes Auge

15-20 Grad scharfes
Sehen mit beiden
Augen

Toter Winkel

Toter Winkel

Sehbereich
rechtes Auge

für das Pferd von Natur aus gefährlichen Position: Nah am Genick – bereit – zum tödlichen Biss oder Prankenschlag anzusetzen. Es sieht weder den Helfer, stellt dieser sich ungünstiger Weise direkt vor es, noch den Reiter auf seinem Rücken. Allein wenn es sich umdreht, kann es uns auf seinem Rücken als Mensch erkennen.

Dies bedeutet für uns, das Pferd umso umsichtiger und mit genügend Zeit an den Reiter zu gewöhnen. Der Bereich, in dem Pferde räumlich sehen können, nämlich mit beiden Augen, beträgt etwa 15 bis 20 Grad und schließt direkt an den toten Winkel vor dem Tier an. Die übrigen nahezu 300 Grad sieht es einzeln und zweidimensional mit dem rechten oder linken Auge. Dabei ist das linke Auge mit der rechten, das rechte Auge mit der linken Gehirnhälfte verbunden. Beide Gehirnhälften sind durch verschie-

dene Strukturen eng vernetzt. Das bedeutet ganz konkret für unser Training, dass eine Situation, welche beispielsweise mit dem rechten Auge wahrgenommen und vom Pferd akzeptiert wurde, mit dem linken Auge gänzlich anders betrachtet wird und dadurch auch zu einer anderen Reaktion führen kann. Das erklärt, warum ein Pferd, das den Menschen auf der linken Seite schon sehr gut akzeptiert, selbst wenn er sich beim Anreiten über den Sattel legt, in Panik geraten kann, wenn das über den Rücken geführte rechte Bein plötzlich auf seiner anderen Seite auftaucht. Das Pferd kann dies nicht zuordnen und muss vom Ausbilder sehr gut auf eine solche Situation vorbereitet werden. Um das räumliche Wahrnehmungsvermögen und das Körpergefühl sowie die allgemeine Geschicklichkeit zu fördern, hat sich ein abwechslungsreiches

Training des Pferdes bewährt. Ausritte, häufige Handwechsel, das Konfrontieren mit Gegenständen in unterschiedlichen Formen und Farben, Geschicklichkeitsspiele, wie das Suchen einer Belohnung unter einem Baustellen-Hütchen oder Ähnliches fördern die Leistungsfähigkeit des Gehirns ungemein. Das Reiten bekannter Lektionen in unbekannter Umgebung hilft dem Gehirn dabei, bekanntes Wissen zu vernetzen und das Pferd lernt dadurch, immer wieder neue Lösungsstrategien für eine Aufgabenstellung zu entwickeln. Man geht aufgrund der bisherigen Forschung davon aus, dass Pferde Farben eher in Unterschieden, welche die Helligkeit betreffen, sehen. Vorherrschend ist eine rot-grün-Schwäche, während es blau-gelb-Nuancen deutlicher erkennen kann. Dieses Wissen ist vor allem bei der Gewöhnung an Hindernisse hilfreich und kann hier förderlich eingesetzt werden.

Die Augen des Pferdes sind sehr lichtempfindlich, die Tiere sind jedoch in der Lage, sogar bei fast vollständiger Dunkelheit etwas zu erkennen. Schnelle Wechsel zwischen hell und dunkel hingegen können sie erschrecken.

Auch der **Gehörsinn** der Pferde ist höchst sensibel und darauf ausgerichtet, einen Feind frühzeitig durch Geräusche, die er verursacht, wahrzunehmen. Die Ohren können dabei punktgenau dorthin gerichtet werden, woher diese kommen. Nimmt das Pferd einen Hörreiz als beunruhigend auf, vielleicht, weil dieser ihm unbekannt ist und folgt noch ein optischer Reiz, kann der Fluchtinstinkt „von 0 auf 100" ausgelöst werden. Dabei flüchtet das Pferd zwar in eine sichere Entfernung, wurde jedoch eine größere Distanz zur Quelle der Sorge aufgebaut, bleibt es oftmals stehen und wendet sich um, um den Auslöser seiner Reaktion ausfindig zu machen. Gerade, wenn sich das gefürchtete Objekt dann nicht bewegt, erfolgt gegebenenfalls eine Hinwendung zu diesem, ein zögerliches Näherkommen, später ein Beschnuppern und mit dem ganzen Objekt Vertraut-Machen. Das Hörvermögen der Pferde ist sehr viel ausgeprägter als das des Menschen und jedes Ohr kann für sich allein einen Reiz erkennen. Hört das eine die vertraute Stimme des menschlichen Freundes, kann das andere Ohr ein neues Geräusch wahrnehmen und das Pferd erschrecken, obwohl Sie sich gerade in Ihrem üblichen Begrüßungsritual befinden und sich das für Sie als völlig unverständliches Verhalten darstellt. Laut der Verhaltensbiologin Marlitt Wendt ist *„Das Hörvermögen der Pferde […] so gut ausgeprägt, dass sie Töne höherer Frequenzen noch wahrnehmen können, die für uns unhörbar sind. Untersuchungen zufolge können Pferde Töne in Frequenzen von 60 Hertz bis etwa 33,5 Kilohertz hören, wäh-*

rend der für den Menschen wahrnehmbare Frequenzbereich bei 20 Hertz bis maximal 20 Kilohertz liegt." Aus: *Wie Pferde fühlen und denken.*

Ein Pferd, welches seinem Menschen gut zuhört – ihn verstehen möchte –, wendet sich diesem mindestens mit der Aufmerksamkeit eines Ohres zu. Richtet das Pferd nun seine Konzentration eher auf sein Umfeld oder auf eine Situation, die es beunruhigt, so können Sie ihm helfen, indem Sie es ansprechen und ermuntern, sich Ihnen wieder (auch mit den Ohren) anzuvertrauen. Eine abwechslungsreiche „Programmänderung" kann zusätzlich dazu beitragen, wieder wenigstens ein Ohr des Pferdes „zu bekommen".

Das Ammenmärchen vom bösen Pferd

Es gibt keine bösen Pferde – oft hat allein der Mensch sie zu solchen gemacht. Ein Pferd besitzt ein von Grund auf freundliches, aufgeschlossenes Wesen. Es wäre höchst unnatürlich, wenn es in der Natur bösartig gegen die Artgenossen seiner eigenen Herde reagieren würde, rein mit dem Wunsch, diese zu ärgern oder schwer zu verletzen. Ein solches Verhalten würde die ganze Gruppe schwächen und infolgedessen auch seine eigene Sicherheit in Gefahr bringen. Agiert ein Pferd also in

unseren Augen bösartig gegen uns, hat es gelernt, dass es sein Leben vor dem Menschen verteidigen muss! Es hat erfahren, dass der Mensch ihm nicht zuhört, es nicht versteht, dass er es in Situationen bringt, die ihm Angst bereiten, er ihm sogar Schmerzen zufügt oder dessen Regeln keinen Bestand haben. Die Ursache solcher Verhaltensauffälligkeiten ist daher überwiegend beim Menschen zu suchen!

Anzumerken gilt in diesem Zusammenhang, dass es in einigen Fällen für uns problematische Verhaltensweisen seitens eines Pferdes geben kann, deren Ursachen nicht beim Menschen liegen. So können Schmerzen und Erkrankungen, hormonelle Veränderungen oder eine hohe Aggressionsbereitschaft in bestimmten Zuchtlinien ebenfalls für Verhaltensauffälligkeiten verantwortlich sein. Ein erfahrener Fachmann kann helfen, die richtige Einschätzung der Situation zu treffen und sachkundig eine Verhaltensänderung hin zum Positiven zu bewirken.

Grundsätzlich gilt, dass wir niemals frei nach dem Motto: „Der kann schon etwas einstecken, untereinander sind die Pferde doch auch nicht zimperlich!" eine grobe Einwirkung auf das Lebewesen Pferd legitimieren dürfen. Wir Menschen sind keine Pferde. Wir sind artfremd und verhalten uns auch sehr oft so, nämlich gradlinig und zielorientiert, wie ein Raubtier. Auch unsere Hilfen und Hilfsmittel sind keinesfalls arttypisch für das Pferd. Wir sollten daher größten Wert auf eine für das Pferd verständliche Erklärung unseres Verhaltens legen und unsere vierbeinigen Partner so ausbilden (positiv konditionieren), dass sie mit uns und allem unserem Tun stets etwas Angenehmes verbinden.

Wie lernt mein Pferd?

Wie aus der Verhaltensbiologie bekannt, lernen Pferde auf ganz unterschiedliche Art und Weise. Zum einen prägen neben den genetisch bedingten Anlagen die Mutterstute, die restliche Herde sowie die Kontakte mit dem Menschen das Fohlen. Auch welche Erfahrungen es im Jungpferdealter macht, entscheiden darüber, „wie es die Welt sieht". Aus diesem Grund darf bei allem Kind-sein-Dürfen eine grundlegende Erziehungsarbeit auch in dieser Entwicklungsphase nicht fehlen. Das junge Pferd sollte an das Führen, Hufe geben, den Schmied, den Tierarzt oder das Verladen gewöhnt werden, denn dies wird die spätere Zusammenarbeit für Pferd und Mensch ungemein erleichtern. Daneben übernimmt natürlich eine gut aufgestellte Herde mit Gleichaltrigen und älteren, erfahrenen Pferden viele Aufgaben der Sozialisierung, die uns die Kommunikation mit dem Tier auch im Erwachsenenalter erleichtert.

Alles klar? Na sicher!

Ein Text von Heidrun Hafen

Unseren Pferden ergeht es nicht anders als uns selbst: Unsicherheit und Überforderung erzeugen Frustration und Abwehr. Sobald wir jedoch unsere Aufgabe verstehen und diese uns einfach erscheint, sind wir freudig und konzentriert dabei. Dann lassen wir uns auch von einer störenden Umgebung oder kleinen Schwierigkeiten nicht so schnell aus der Ruhe bringen.

Da wir im Zusammenleben mit unseren Pferden Regeln festlegen und Anforderungen stellen, liegt es in unserer Verantwortung, diese so gut zu erklären, dass es den Pferden leicht fällt, sie zu begreifen und umzusetzen. Ob Futterbelohnung, Stimmlob, Streicheln und Kraulen oder Aussetzen der Hilfen – entscheidend ist das Timing beim Loben. Genau wie bei dem beliebten Kinderspiel „Topfschlagen" („heiß und kalt") orientiert sich das Pferd an unserer Rückmeldung und je präziser wir sind, desto schneller versteht es, welches Verhalten wir uns wünschen.

Um uns und unser Pferd durch viele Lernerfolge zu motivieren, können wir unser Ziel in kleine Lernschritte zerteilen. Besonders wenn Schwierigkeiten und Unsicherheiten

Heidrun Hafen, Trainerin-C-FN, arbeitet schon seit 20 Jahren mit Pferden. Ihre Schwerpunkte sind die solide Grundausbildung von Freizeitpferden sowie Zirkuslektionen und Freiheitsdressur. Gemeinsam mit ihrem Shetlandpony Robin Rotfleck eroberte sie schon auf vielen Veranstaltungen die Herzen des Publikums.

auftauchen, hilft es, sich zu überlegen, wie wir die Aufgabe für das Pferd noch einfacher gestalten könnten.

Ein Pferd, das statt nach Schlupflöchern zu suchen oder sich bestenfalls in sein Schicksal zu fügen, mitdenkt und aktiv mitarbeitet, seine Intelligenz also für uns einsetzt statt gegen uns, trägt wesentlich dazu bei, den Alltag mit ihm sicherer zu machen und gefährliche Momente zu vermeiden.

Ein praktisches Beispiel ist das Aufsitzen. Hat das Pferd gelernt, sicher stillzustehen und zu warten, bis der Reiter sich sortiert hat, ist ein Anfängerfehler wie ein einseitig durchhängender Zügel oder ein wieder vom Fuß gerutschter Steigbügel kein Problem.

Mein Pferd kann selbstständig an einer Aufsteighilfe oder Erhöhung im Gelände einparken, weil es genau weiß, wie die optimale Position zum Aufsitzen ist. Auch unter schwierigen Bedingungen versucht es, eine Lösung zu finden. Da es auf seinen „Aufsitz-

Belohnungskeks" wartet, sind inzwischen selbst knackende Äste oder überholende Gruppenmitglieder kein Grund loszugehen, solange ich noch nicht bereit bin.

Tritt das Pferd ruhig an die Aufsteighilfe heran, kann man an den unterschiedlichsten Stellen und von beiden Seiten sicher aufsteigen.

Wir als Mensch sollten lernen, die Dinge aus der Sicht des Pferdes zu sehen. Viele Situationen und Reize in unserer Umgebung, welche wir als ganz normal zu unserem Alltag gehörig empfinden, können im Pferd den Fluchtinstinkt auslösen.

Auch durch Nachahmung können Pferde lernen. So kann ein erfahrenes Pferd in einer für das junge Tier ungewohnten Situation wie beim Durchqueren eines Baches oder dem Vorbeigehen an einem Traktor eine Vorbildfunktion übernehmen und es zum Folgen animieren.

Sie können Ihr Pferd zudem ganz „unbewusst" und spielerisch an unterschiedliche Umweltreize gewöhnen. In der Verhaltensbiologie unterscheidet man dabei zwischen Habituation, Desensibilisierung und Sensibilisierung. Bei einer Habituation bleibt eine Reizstärke gleich oder wird nicht von uns Menschen gesteuert. Eine Habituation findet beispielsweise in folgender Situation statt: Pferde, die im Offenstall gehalten werden und auf den Reitplatz schauen, spielende Kinder sehen oder einen Traktor, der immer einmal wieder an ihrer Weide vorbeifährt, gewöhnen sich an diese und lernen, dass sie keine Gefahr bedeuten. Sie erlangen eine deutlich erhöhte Reizschwelle für derartige Situationen, da diese zur Normalität in ihrem Alltag geworden sind.

Bei einer Desensibilisierung wird der Reiz nach und nach gesteigert – entsprechend dem wachsenden Vertrauen des Pferdes – damit es ihn als „normal" und „ungefährlich" einstufen kann. Ein wesentliches Beispiel ist das Anreiten. Hier wird das Pferd Schritt für Schritt auf den Reiter vorbereitet.

Die Gewöhnung an die Reiterhilfen hingegen ist im Wesentlichen eine Sensibilisierung, da hier das Pferd mit einem neuen Reiz bekannt gemacht wird und zum Beispiel lernt, auf einen Schenkeldruck nicht mit Gegendruck zu reagieren sondern diesem zu weichen. In der Realität

greifen diese Arten oft ineinander, lassen sich nicht immer ganz klar voneinander abgrenzen. Ihre Definition ist auch davon abhängig, unter welchem Aspekt man einen Vorgang betrachtet.

Weiter unterscheiden wir zwischen der sogenannten operanten und der klassischen Konditionierung. Die operante Konditionierung beinhaltet, dass das Pferd durch Versuch und Irrtum seine Lernerfahrungen macht. Stellen wir dem Pferd beispielsweise eine Aufgabe, deren Lösungsweg ihm noch nicht bekannt ist, wird das dem Menschen zugewandte Pferd verschiedene Vorschläge machen, um die Lösung zu erfahren und belohnt zu werden.

Durch die sogenannte klassische Konditionierung wird beispielsweise ein vorher nicht bewusst zu steuernder Reflex zu einer bewusst abrufbaren Handlung. Ein ganz einfaches Beispiel ist die Konditionierung auf das Lobwort „Prima!". Gibt der Mensch im Moment der Aussprache dieses Wortes ein Leckerli, löst nach häufiger Wiederholung allein das Lobwort ein positives „Leckerligefühl" im Pferd aus. Möchten Sie Ihr Pferd für eine tolle Idee belohnen, sollten Sie dies sofort, in den nächsten zwei bis drei Sekunden tun, da ansonsten keine Verknüpfung zwischen der Reaktion und dem Lob stattfindet, was wiederum einen Lernfortschritt verzögert. Ein positiv eingestelltes Pferd voller Motivation bei der Zusammenarbeit wird immer schneller und leichter lernen, als ein demotiviertes und dem Menschen abgewandtes Tier. Negativer Stress oder sogar Angst können ein Pferd – wie auch einen Menschen – so blockieren, dass es nichts Neues mehr aufzunehmen vermag oder es auch die Lösung für etwas, was es schon weiß, einfach nicht finden kann. Hat es jedoch einmal erfahren, dass seine Lösungsvorschläge ernst genommen und verstanden werden, wird es eine Antwort auf die gestellte Anforderung des Menschen motiviert herauszufinden suchen.

Ein glückliches Pferdeleben

Ein Pferd bewegt sich in der Natur zur Nahrungssuche etwa 16 Stunden zumeist im Schritt vorwärts. Sein gesamter Organismus ist darauf ausgerichtet, ebenso wie das psychische Bedürfnis nach frischer Luft und freier Bewegungsmöglichkeit. All dies hat sich trotz der Domestikation durch den Menschen praktisch nicht verändert.

Unsere heutige Nutzung, die weitestgehend darauf ausgerichtet ist, dass das Pferd stets und ständig für den Menschen ohne Aufwand verfügbar ist, hat Haltungsbedingungen geschaffen, die oftmals nicht artgerecht sind.

Viele Verhaltensauffälligkeiten oder Abwehrreaktionen gegen den Menschen am Boden und beim Reiten sind zum großen Teil darauf zurückzuführen, dass den natürlichen Bedürfnissen, wie beispielsweise dem nach viel Bewegung, nicht Rechnung getragen wird. Pferde, welche überwiegend in der Box gehalten werden, zeigen sich oft unausgelastet und nervlich vollkommen überreizt.

Die Lösung wäre so einfach: mehr freie Bewegungsmöglichkeit für das Pferd – an der frischen Luft! Es ist zu begrüßen, dass zunehmend mehr Besitzer auf eine artgemäßere Haltung Wert legen und Betriebe Auslaufflächen in Form von Paddocks oder Weiden über viele Stunden in einer Herde oder Tag und Nacht zu allen Jahreszeiten mit einer pferdefreundlichen Offenstallhaltung anbieten.

Aspekte einer naturnahen Haltung

Anders als wir Menschen, sind Pferde von Natur aus bestens gegen die unterschiedlichsten Witterungseinflüsse geschützt. Das Thermoregulationsvermögen ermöglicht es den Tieren, sich an verschiedene Temperaturen innerhalb kürzester Zeit anzupassen. So ist ein in unseren Augen gemütlich warmer Stall mit geschlossenen Türen und Fenstern sowie eine hohe Innentemperatur eher kontraproduktiv für das Lauftier Pferd, dessen Atmungssystem viel frische Luft braucht.

Pferde kommunizieren auf sehr vielschichtige Weise, geschlossen, Fellpflege betrieben und dann wiede

Hält man ein Pferd ganzjährig auf der Weide, so wird bei ausschließlicher Weidefütterung je Pferd eine Fläche von einem Hektar empfohlen – was nicht wenig ist! Abhängig von der Zufütterung sowie von der Zusammenstellung und Anzahl der Herdenmitglieder kann diese Fläche gegebenenfalls reduziert werden. Dabei ist unbedingt auf einen witterungsfesten, trockenen Unterstand zu achten, in dem jedes Mitglied der Gruppe einen Platz hat, um sich unterzustellen und/oder abzulegen und der jedes einzelne Herdenmitglied vor Regen und starker Sonneneinstrahlung schützt.

Auch ein gut befestigter, wasserdurchlässiger Paddockboden auf dem Auslauf ist unverzichtbar, will man Maukeerkrankungen oder Strahlfäule verhindern, die in andauernd verschlammten, morastigen Böden, gar mit Urin und Kot vermischt, entstehen.

Für einen Offenstall werden für zwei Pferde 150 Quadratmeter Auslauffläche gerechnet, für jedes weitere Pferd zusätzlich 40 Quadratmeter.

Steht nur eine einfache Weide oder ein Paddock zur Verfügung, können sich Pferde schnell langweilen.

Baumstämme zum Hinüberklettern, Hügel für eine bessere Rundumsicht sowie an mehreren Plätzen verteilte Futterstellen bieten Bewegungsanreize. Wälzplätze helfen, die Durchblutung der Haut zu fördern und der Wechsel von weichen zu festen Böden kann ein gesundes Hufwachstum unterstützen.

ßten Teil nonverbal miteinander. Es gibt Zeiten, in denen ist alles ganz friedlich, es werden Freundschaften ·den Grenzen gesetzt, wenn diese überschritten und feine Signale missachtet wurden.

Niemals allein!

Ein Pferd sollte, wenn überhaupt, nur wenige Stunden in einer Box mit einer Mindestgröße von (2x Widerristhöhe)² und einer Fensterfläche je Pferd von mindestens einem Quadratmeter, verbringen.

Es gilt dabei, unbedingt einen Sicht- und Berührungskontakt zu anderen Pferden sicherzustellen. Ein Außenfenster sorgt für frische Luft und bietet dem Pferd die Chance, seine natürliche Neugier etwas zu befriedigen. Zusätzlich ist ein kleines Paddock anschließend an die Box wünschenswert, das so gebaut ist, dass die Pferde Fellpflege mit dem Nachbarn über den Paddockzaun hinweg betreiben können. Das sind sinnvolle Maßnahmen – die jedoch letztlich keine echte Alternative darstellen, wenn es um

das Thema einer naturnahen Haltung in einer Herde geht. Auch wenn Mensch und Pferd in der Lage sind, eine durchaus intensive, enge Beziehung zu pflegen, kann dieser dem Tier die Artgenossen nicht ersetzen und ein Pferd gar in „Einzelhaft" zu halten, ist ein Fall für den Tierschutz! Das Pferd ist ein Herdentier, es benötigt die Gesellschaft und den Schutz seiner Artgenossen, mit denen es seine Kräfte messen, spielen, toben und Fellpflege betreiben kann – im Schutz der Herde fühlt es sich sicher aufgehoben und vor Beutegreifern geschützt, dies ist für sein physisches und psychisches Wohlbefinden von größter Bedeutung. Innerhalb der Herde besteht eine klare Hierarchie, die durchaus von Zeit zu Zeit variieren kann und auch Freundschaften können geschlossen werden.

Eine „artgerechte Haltung" für Pferde

Ein Text von Dr. Christa Finkler-Schade

Im Zusammenhang mit der Haltung von Pferden wird häufig von „artgerechten Anforderungen" gesprochen. Was heißt das überhaupt? „Artgerecht" ist laut Duden definiert als: „den Ansprüchen einer bestimmten Tierart genügend". Kann man nach circa 2000 Jahren Domestikation ein Pferd überhaupt artgerecht halten im eigentlichen Sinne des Wortes? Nein, denn wir haben keine steppenähnlichen Bedingungen in unseren dichtbesiedelten Regionen. Wir können heute jedoch mehr als in den vergangenen Jahrzehnten, aufgrund eines sich verändernden Bewusstseins, die Anforderungen an eine Pferdehaltung an dem angeborenen Verhalten des ehemaligen Steppenbewohners orientieren. Wir können Haltungsbedingungen schaffen, die eine Annäherung an die artgerechten Anforderungen bieten. Auch das Tierschutzgesetz fordert dieses: ein Haltungsverfahren gilt dann als tiergerecht, wenn sowohl dem angeborenen Verhalten als auch der Tiergesundheit Rechnung getragen wird und die so gehaltenen Tiere den Status des „Wohlbefindens" erreichen. In den heutigen Pferdehaltungen werden diese Anforderungen zunehmend umgesetzt. Es finden sich mehr und mehr vorbildliche Pferdehaltungen: Einzelboxenhaltungen mit vielstündigen Bewegungsmöglichkeiten der Pferde in der Gruppe, zudem hat die Gruppenhaltung von Pferden, sei es im Laufstall, im Bewegungsstall oder bei der ganzjährigen Weidehaltung, stark zugenommen. Das ist im Gegensatz zu der Einzelhaltung ohne mehrstündigen Auslauf in der Gruppe sehr zu begrüßen, da diese Pferde unter anderem ihrem Bedürfnis nach freier Bewegung, der Pflege von Sozialkontakten und der Körperpflege nicht nachkommen können. Es ist unstrittig, dass das zum sogenannten Komfortverhalten beiträgt und dass Pferde, die dieses ausleben können, ausgeglichener und gelassener sind. Hinsichtlich der Fütterung ist eine ausgewogene, dem Bedürfnis der Pferde nach genügend Raufutter und einer dem Leistungsniveau angepassten Ergänzungsfütterung von großer Bedeutung. Unausgeglichene, energiegeladene Pferde oder auch Erkrankungen des Verdauungstrakts hängen häufig mit einer vom Menschen verursachten falschen oder nicht angemessenen Fütterung zusammen.

Dr. Christa Finkler-Schade ist Geschäftsführerin der Fachberatung für Pferdebetriebe, Schade & Partner, in Verden. Sie betreut Pferdebetriebe, Gestüte sowie Sport- und Rennställe im In- und Ausland mit den Schwerpunkten Haltung und Ernährung.

Folgende Kriterien zeichnen eine gute Pferdehaltung aus:

- Vielstündiger Aufenthalt im Freien: Bedürfnis nach Licht, Luft und Bewegung
- Genügend große Bewegungsflächen
- Bewegungsflächen, die auch in nassen Phasen nicht tiefgründig werden
- Freier Zugang zu Raufutter
- Hygienisch einwandfreies Futter
- Angemessene und ausgewogene Zufütterung
- Freier Zugang zu frischem, sauberem Wasser
- Trockene, saubere und ausreichend große Liegeflächen
- Kontakt zu Artgenossen und harmonierende Gruppenzusammensetzungen
- Schutzmöglichkeit vor extremem Wetter oder Insekten

- Kompetentes Gesundheitsmanagement
- Sichere Haltungs-/Stalleinrichtungen
- Betreuung der Pferde durch fachlich geschulte Personen

Pferde, die aus guten Haltungsbedingungen kommen, sind gesünder, ausgeglichener und gelassener. Das ist im Hinblick auf das Thema Sicherheit nicht nur wichtig für ihre eigene Gesundheit sondern auch für die Menschen, die mit diesen Pferden umgehen. Das Erkrankungs- und Verletzungsrisiko wird auf beiden Seiten, bei Mensch und Tier gesenkt. Eine „annähernd artgerechte" Haltungsumwelt zu schaffen, in der sich die Tiere wohlfühlen, ist für mich ein wesentlicher Beitrag zu einem glücklichen Pferdeleben und zum sichereren Umgang des Menschen mit dem Pferd!

Pferde lieben es, mit ihren Artgenossen zu spielen, sie erhalten so ihre Geschicklichkeit, die Spannkraft ihrer Muskulatur und ihre Kondition – falls eine plötzliche Flucht nötig wird.

Für Pferdehalter und Reitstallbesitzer gilt es, eine adäquate Gruppenzusammensetzung auf geeigneten Flächen zu erstellen – keine leichte Aufgabe! Dazu kann es notwendig sein, die Pferde nach Alter, Geschlecht und teilweise sogar der Rasse zu separieren. Nicht alles, was als artgerecht deklariert wird, ist dies auch und nur, weil mehrere Pferde zusammen stehen, heißt das nicht, dass sie zufrieden sind und sich körperlich wie mental wohlfühlen. Eine unpassende Herdenzusammenstellung kann dauerhaften Stress mit allen damit einhergehenden negativen Auswirkungen hervorrufen!

Es ist eine Gruppenzusammensetzung zu wählen, bei der die einzelnen Mitglieder gut miteinander harmonieren. Die räumliche Aufteilung des Gruppenstalls beziehungsweise -auslaufes sollte so beschaffen sein, dass selbst das rangniedrigste Tier das ihm zugedachte Futter in Ruhe fressen kann und auch jederzeit einen Ruheplatz für sich findet. Der Stall oder die Weide müssen genügend Platz für ausreichende Bewegung und Raum bieten, sich ausweichen zu können. Dies mindert das Verletzungsrisiko und den Stressfaktor für jedes einzelne Tier der Gruppe ungemein. Auch die Gruppengröße, in der sich ein Pferd wohlfühlt, kann stark variieren.

Eine dringende Bitte: Stellen Sie niemals ein neues Pferd sofort zu einer bestehenden Herde – und schon gleich gar nicht auf engstem Raum! Lassen Sie den Neuzugang zunächst über einen Zeitraum von einigen

Wochen neben seiner zukünftigen Herde, durch einen Zaun abgetrennt, auf die Weide oder den Auslauf. Stellen Sie dann nach und nach jedes Pferd der Herde einzeln dazu. Beginnen Sie bei der Zusammenführung stets mit dem rangniedrigsten Pferd. Denken Sie in dieser Zeit besonders an einen guten Schutz der Beine. Auch wenn alles wie geplant abläuft – ein Umzug und die Gewöhnung an einen anderen Stall, andere Umgebung, andere Fütterungszeiten sowie andere Pferde und vieles mehr ist für ein Pferd immer mit Stress und Aufregung verbunden. Erwarten Sie reiterlich in der Anfangsphase keine Höchstleistungen. Lassen Sie Ihrem Pferd Zeit, sich einzugewöhnen und zur gewohnten inneren Balance zurückzufinden.

Aspekte einer artgerechten Fütterung

Ein qualitativ hochwertiges Futter und ständige frische Trinkwasserversorgung gehören zur Gesunderhaltung des Pferdes unbedingt dazu.

Dem Pferd, welches natürlicherweise bis zu 16 Stunden am Tag mit der Nahrungssuche und -aufnahme beschäftigt ist und dessen relativ kleiner Magen mit einem langen Darmtrakt auf eine kleine Portionierung angewiesen ist, sollte immer eine ausreichende Menge an Futter zur Verfügung stehen.

Raufutter wie Heu und Futterstroh oder Saftfutter in Form von Gras müssen ständig nach Bedarf aufgenommen werden können. Überdenken Sie auch die Menge der einzelnen Kraftfutterrationen: lieber mehrmals täglich kleinere Mengen an Krippenfutter geben als drei große Mahlzeiten wie häufig üblich. Oftmals ist hier auch weniger mehr. Die meisten Pferde benötigen gar keine hohe Kraftfutterportionierung, da sie keine großen körperlichen Leistungen vollbringen. Lassen Sie sich durch Ihren Tierarzt oder einen kompetenten Fütterungsexperten beraten, welches Futter in welchen Mengen für Ihr Pferd geeignet ist und welche Mineralien oder auch Kräuter zu einer ausgewogenen Ernährung beitragen können.

Bei der über viele Stunden dauernden Nahrungsaufnahme bewegt das Pferd seinen Kiefer im Kauprozess viele tausendmal pro Tag hin und her. Das sorgt für einen natürlichen Abrieb der Zähne. Weiter wird dabei Speichel produziert, der für die Verdauung eine große Rolle spielt, da er stark basisch ist. Bei Fresspausen, die vier Stunden oder länger bestehen, kommt es zu einer Übersäuerung des Magens, was die Häufigkeit von Magengeschwüren deutlich erhöht. Eine artgerechte Fütterung mit ständigem Zugang zu Rau- oder Saftfutter kann helfen, Koliken sowie weitere Erkrankungen des Verdauungstraktes zu verhindern.

Ein rundum sicheres Gefühl

Ein sicherer Umgang mit dem Pferd setzt gewisse Rahmenbedingungen voraus, die es zu erfüllen gilt. Dies fängt bei der korrekten, den empfohlenen Sicherheitskriterien entsprechenden Kleidung des Reiters an, führt über eine sehr gut passende und gepflegte Ausrüstung des Pferdes bis hin zu einer pferdesicheren Umgebung im Stall und auf der Weide.

Viele Unfälle können durch einen fachgerechten Umgang mit dem Pferd vermieden werden. Grundsätzlich lässt sich sagen, je besser die Kommunikation von Pferd und Reiter, desto sicherer der Umgang mit dem Pferd und desto sicherer das Reiten. Die Ursachen von Verletzungen im Pferdesport liegen überwiegend in Stürzen begründet. Diese geschehen durch Abwehrreaktionen wie Bocken, Steigen oder plötzlichem Fluchtverhalten durch Erschrecken. Auch ein Hängenbleiben im Bügel oder ein Kopfschlagen des Pferdes stellen weitere Gründe für Unfälle dar. Im Umgang mit dem Pferd am Boden sieht die Statistik etwas freundlicher aus – es geschehen weniger Unfälle, die vor allem auf Biss- und Schlagverletzungen in den verschiedensten Situationen zurückzuführen sind. So verschieden die einzelnen Fälle auf den ersten Blick erscheinen mögen – die Ursachen lassen sich fast ausnahmslos auf

Aktive und passive Sicherheit

Ein Text von Prof. Dr. Norbert Meenen

Aktive Sicherheit erlangt man durch **smartes Reiten** im Einklang und mit **Respekt vor dem Pferd** sowie durch grundsätzliches **Risikobewusstsein.** Der Reiter muss körperlich **fit** und in sicherem Verhalten geübt sein und über Kenntnisse im **Falltraining** verfügen. Hier geht es nicht nur um den Sturz an sich, sondern auch um das Training einer frühzeitigen Entscheidung, im Risikofall lieber aktiv das Pferd zu verlassen, als auf den Abwurf später unter sicher schlechteren Bedingungen zu warten. Merke: Die **Sturzgefahr** ist real.

Passive Sicherheit ergänzt die aktiven Maßnahmen und wird durch den umsichtigen Einsatz von **Sicherheitszubehör** erreicht: Hierzu zählen vor allem ein moderner und geprüfter **Reithelm** und gegebenenfalls bei zusätzlichem Risiko klassische **Reitwesten** oder **Airbag-Westen.** Reithandschuhe, **Sicherheitssteigbügel** und stabile Reitstiefel gehören zur Grundausstattung.

eine Handvoll Gründe reduzieren: Ein Nichtverstehen des Pferdes, eine ungeeignete Ausbildung, unsachgemäßer Umgang sowie eine nicht artgerechte Haltung. Neben dieser pferdegemäßen Haltung und fundierten Ausbildung gehört vor allem auch eine geeignete und sichere Ausrüstung dazu.

Das Equipment für Reiter unter Sicherheitsaspekten

Der sicheren Ausrüstung für Reiter und Pferd sollte höchste Priorität eingeräumt werden. Das Pferd ist und bleibt ein Fluchttier, bei dem sich das instinktgesteuerte Verhalten nicht immer vermeiden lässt und auch ein Fremdverschulden kann man nicht immer ausschließen. Eine korrekt angepasste, gepflegte und funktionstüchtige Ausrüstung des Pferdes erspart ihm Unwohlsein oder Schmerzen und ein gut funktionierendes Steigbügelschloss sowie ein Sicherheitsbügel können Ihnen bei einem Sturz vom Pferd das Leben retten. Aber nicht nur diese Ausrüstung gilt es zu bedenken, sondern auch die Kleidung zum Schutz des Reiters.

Hier ist unter anderem eine Sicherheitsweste ist für viele Bereiche empfehlenswert oder sogar vorgeschrieben und ein geeigneter Reithelm sollte ein absolutes Must have für jeden Reiter sein!

Schützen Sie Ihren Kopf!

Ein vom Fachmann angepasster und den Sicherheitsbestimmungen entsprechender Reithelm ist für jeden Reiter ein absolutes Muss! Laut den Angaben vieler Hersteller sollte er etwa nach fünf Jahren und natürlich nach einem Sturz ausgetauscht werden. Sparen Sie nicht an dieser wichtigen Stelle – ein guter Helm ist eine Investition für Ihr (Über-)Leben und hat schon viele Stürze für den Kopf glimpflich(er) ausgehen lassen. War bisher im Dressursport ab Klasse L ein Zylinder oder eine Melone üblich, so folgen selbst im internationalen Profisport immer mehr Reiter den Sicherheitsempfehlungen und tragen einen Reithelm. Sie sind wichtige Leitfiguren und erfüllen in diesem Punkt eine große Vorbildfunktion, denn ein Helm sollte für klein und groß verpflichtend sein. Die von der FN herausgegebene Leistungsprüfungsordnung (LPO) von 2013 verlangt in beinahe allen Leistungsprüfungen das Tragen eines Reithelms, welcher bruch- und splittersicher ist und eine Drei- beziehungsweise Vierpunktbefestigung aufweist.

Für Junioren sowie bei allen Spring- und Geländewettbewerben ist ein Reithelm Pflicht. Ausgenommen von dieser Helmpflicht sind (Junge) Reiter, welche in Dressur(-reiter)prüfungen der Klasse L bis S sowie in Dressurpferdeprüfun-gen der Klasse L und M starten. Hier ist dem Reiter die Entscheidung freigestellt – Reithelm, Zylinder oder Melone. Dabei tragen traditionellerweise die Damen einen Zylinder, die Herren Melone. Auch in Dressurprüfungen auf internationalem Niveau sind Zylinder oder Melone weiterhin erlaubt, selbst bei den Jungen Dressurreitern.

Im Interesse der Gesundheit ihrer Schützlinge und Kinder sollten Ausbilder und Eltern für einen sicheren Reithelm sorgen. Modisch ansprechende Modelle, die dennoch höchsten Schutz gewähren, sind auf dem Markt in großer Auswahl für kleines und größeres Geld zu bekommen.

Experten-Tipp

Ein Tipp von Bernd Bredenschey, Leiter der Schadensabteilung der Uelzener Versicherungen
Geschieht ein vom Reiter unverschuldeter Unfall, bei dem der Reiter sich eine Kopfverletzung zuzieht, so ist die Wahrscheinlichkeit sehr hoch, dass er eine Mitschuld bekommt, wenn er keine Kappe getragen hat. Für die eigene Sicherheit, aber auch für solche Fälle gilt: Unbedingt immer Kappe tragen!

Die Hamburger AG Reitsicherheit

Ein Text von Prof. Dr. Norbert M. Meenen

Die Hamburger AG Reitsicherheit wurde 2007 unter dem Eindruck einer Häufung von schwersten Reitunfällen international aber auch im Hamburger Raum gegründet. Reitende Ärzte verschiedener chirurgischer Fachrichtungen und Rechtsmediziner (unter anderem der Institutsleiter in Hamburg Prof. Püschel und Oberärztin Frau Prof. Lockemann) sowie Ingenieure schlossen sich zusammen, um die Sicherheit im Reitsport durch wissenschaftliche und praktische Arbeit zu verbessern.

Das Arbeitsprogramm sah einen wissenschaftlichen Ansatz mit Literaturrecherche, klinischen und experimentellen Studien und mit der Umsetzung der Ergebnisse in die reiterliche Praxis vor. Wir haben dazu mehrere Studien deutschlandweit und in Hamburg über Reitunfälle durchgeführt, zum Teil mit dem Schwerpunkt Kinder, Wirbelsäule, Huftritte und Bissverletzungen, dazu Studien zum Einfluss von Sicherheitszubehör wie Helme und Westen. Doktoranden der Medizin konnten hier wesentliches zum Thema im Rahmen ihrer Arbeiten beitragen, sie werden von unserem Neurochirurgen PD Christian Hessler betreut (Literatur). In Zusammenarbeit mit der FN und deren Mannschaftsarzt

Dr. Giensch wurden auch 2008 erste und 2015 aktuelle Praxistests für Airbag-Schutzwesten durchgeführt.

Eine experimentelle biomechanische Studie zur Entstehung und Prävention von Halswirbelfrakturen im Reitsport wurde international publiziert. Hier zeigte sich, dass eine Geradhaltung oder eine leichte Beugehaltung, wie sie von Airbagwesten erzeugt wird, das Risiko von HWS-Frakturen mindert. All diese wissenschaftlichen Studien wurden von Anfang an ergänzt um praktische Arbeit zur Verbesserung der Sicherheit im Sport: Hierzu führen wir seit Jahren erfolgreich in Zusammenarbeit mit dem Club Deutscher Vielseitigkeitsreiter (Vorsitzende Nicole Sollorz) und unter führender Beteiligung des im englischen Reitsport bewährten Notfallmediziners Dr. Patrick Dissmann Fortbildungskurse für Notärzte und Rettungspersonal durch. Hier werden Teilnehmern dieser erfahrenen Berufsgruppen Besonderheiten des Unfallgeschehens beim Reiten vermittelt und in praktischen Übungen nähergebracht. Selbst die Bergung aber auch die Diagnostik bei den limitierten Verhältnissen auf zum Beispiel dem Geländekurs der Vielseitigkeit hat viele spezifische Probleme, an deren Lösung man schon vor der Veranstaltung mit guter Vorbereitung arbeiten kann. Wie wir erfahren mussten, sind Stürze in der Vielseitigkeit ja durchaus Routine. Anweisungen hierfür und für die Suche nach reitspezifischen Verletzungsmustern erhalten die Kursteilnehmer.

Ein erst bei näherem Hinsehen wichtiger Teil der Aufgaben der AG Reitsicherheit ist die Kooperation mit den Verbänden, vor allem der FN (reiterliche Vereinigung) und CdV (Club Deutscher Vielseitigkeitsreiter), um über Einfluss auf Regelwerke und organisatorische Fragen Beiträge zur Verbesserung der Reitsicherheit zu leisten. So konnte die AG mit dazu beitragen, dass in der neuen LPO (Leistungsprüfungsordnung) der FN für Geländeturniere erstmals die Anwesenheit eines in der Versorgung schwerer Verletzter erfahrenen Arztes Pflicht ist.

Um die Tätigkeit der AG bekannt zu machen und die Ergebnisse mit anderen Wissenschaftlern und Interessierten auszutauschen, führen wir regelmäßig Symposien zur Reitsicherheit durch, die am Rande des Hamburger Springderby immer im Mai stattfinden. Alle Vorträge werden jeweils anschließend in einem Buch veröffentlicht.

Auch in den Leistungsprüfungen beim Fahren gibt es für die Geländeprüfungen eine generelle Helmpflicht ebenso wie für alle Junioren und Beifahrer im Alter von 18 Jahren und jünger.

Das Reglement spricht eine deutliche Sprache – ein sicherer Reithelm ist (fast immer) verpflichtend. In Ihrem eigenen Interesse sollten Sie sich diese Empfehlungen zu Herzen nehmen!

Korrekte Kleidung für Sicherheit beim Umgang mit dem Pferd und im Sattel

Für den Umgang mit einem Pferd sollten Sie festes Schuhwerk tragen. Auch Stahlkappen leisten durchaus gute Dienste, wenn ein Pferd doch einmal Ihren Fuß treffen sollte. Lose herunterhängende Kleidung oder offene Jacken sind zu vermeiden, damit Sie nicht hängenbleiben können. Das betrifft sowohl die Arbeit am Boden als auch das Reiten. Gleiches gilt für längere Haare: Sie gehören zusammengebunden. Auf Schmuck sollte verzichtet werden und lange Ohrringe sind für Reiter(innen) tatsächlich tabu! Weiter stellt das Tragen von Handschuhen nicht nur beim Reiten sondern vor allem auch beim Führen (Verladen), sowie beim Longieren einen sinnvollen Schutz für die Hände dar. Sie sollten jedoch so beschaffen sein, dass sie noch

Sicherer Schutz für den Kopf

Ein Text von Prof. Dr. Norbert Meenen

Der Reithelm ist grundsätzlich aus zwei Schichten aufgebaut, einer äußeren Hartschale aus faserverstärktem Kunstharz und einer dicken Styroporeinlage. Beim Aufprall deformieren sich beide Schalen, elastisch die äußere Schicht, das Styropor hingegen deformiert dauerhaft und strukturell als Knautschzone, die wesentlich für die Dämpfungswirkung der Kraft auf Schädel und Hirn (also die eigentliche Helmwirkung) verantwortlich ist. Das erklärt auch die Notwendigkeit, nach jedem Aufprall den möglicherweise strukturell geschädigten Helm auszutauschen. Die dämpfende Wirkung des Helms wird durch eine Verteilung der einwirkenden Kraft auf eine größere Fläche und durch Verlängerung von Verzögerungsweg und -zeit des Kopfes erreicht.

Nach neuen wissenschaftlichen Erkenntnissen über das Schädel-Hirn-Trauma wird allerdings deutlich, dass Helme generell konstruktionsbedingt nur den linearen (geradlinigen) Teil des Aufpralls mindern können. Die ebenfalls immer im Hirn wirksamen Rotationskräfte bleiben weitgehend ungedämpft oder werden in seltenen Fällen durch den Helm sogar verstärkt: Das bedeutet, was wir immer wieder erleben (Beispiel Michael Schumacher), dass es trotz eines sicheren Helms zu schweren Schädelhirntraumen kommen kann. Konzepte für eine beide Kraftwirkungen reduzierende Helm-Alternative existieren allerdings derzeit noch nicht und werden noch viel Entwicklungszeit benötigen.

Helmnormen erlauben eine sachliche Unterscheidung zwischen Helmen, die die Prüfbedingungen erfüllen und denen, die sie nicht erfüllen. Es werden damit funktionelle Ergebnisse abgeprüft, keine Material- oder De-

signempfehlungen gegeben. Immer werden bei Normungsprüfungen Modelltests der Produkte und Stichproben-Untersuchungen aus der laufenden Produktion verwendet, um die Qualität eines Produktes zu dokumentieren.

Helmnormen werden unter ingenieurtechnischen Bedingungen erstellt und prüfen dann unter anderem das Ausmaß der Schutzwirkung, Stabilität der Helmschale, Sicherheit der Position, Stabilität der Rückhaltesysteme, Ausdehnung der Schutzwirkung am Kopf. Es gibt statt der inzwischen ausgesetzten EN 1384 eine Übergangsnorm VG01. Seit Dezember 2014 dürfen keine Helme mehr nach der alten Norm produziert werden, die vorher produzierten Helme dürfen national aber noch getragen werden. Für internationale Turniere existieren Helme nach internationalen Normen in GB (PAS 015-2011) und in den USA (ASTM F 1163 und 1446-13) sowie SNELL (2001), die zum Teil die frühere EN deutlich in den Anforderungen übertreffen. Wer sich heute für den privaten Gebrauch einen zukunftweisenden Helm kauft, könnte bei Helmen, die diese internationalen Standards erfüllen, das Richtige finden.

Zu einer sicheren Ausrüstung vom Boden aus gehört: ein gut sitzendes Halfter, ein drei bis vier Meter langer Strick, eine Gerte und eine zweckmäßige Kleidung mit festem Schuhwerk und Handschuhen.

genügend Gefühl „durchlassen". Achten Sie bei der Wahl Ihrer Reithose darauf, dass sie sich in ihr gut bewegen können, sie faltenfrei liegt, eine gewisse Elastizität aufweist und keine Innennähte vorhanden sind, die Scheuerstellen verursachen können. Eine Stiefelhose können Sie mit Gummi- oder Lederstiefeln, sowie Stiefeletten und Chaps kombinieren.

Eine gute Weste erhöht die Sicherheit

Ein Text von Prof. Dr. Norbert Meenen

Ein weiteres wichtiges Sicherheitsutensil im Reitsport ist die Sicherheitsweste. Sie schützt im wesentlichen den Brustkorb mit den enthaltenen Organen Herz, Lunge und die großen Gefäße. Zusätzlich werden auch die Oberbauchorgane Milz, Leber und Bauchspeicheldrüse abgedeckt und somit geschützt.

Sind lebenswichtige Organe bei einem Unfall verletzt, erhöht sich die Schwere der Verletzung massiv; tödlich Verletzte haben meist neben dem schweren Schädelhirntrauma noch ein schweres Thoraxtrauma. Natürlich schützen alle Westen auch vor Rippen- und Schlüsselbeinbrüchen. Die Sicherheitswesten können die Wirbelsäule aber nur unvollkommen und nur bei direktem Stoß schützen, die typischen Stauchungsfrakturen von Brust/Lendenwirbelsäule und Halswirbelsäule kommen durch Stauchung an den Enden des Rumpfs, an Kopf und Steiß zustande.

Es gibt derzeit zwei konzeptionell unterschiedliche Schutzwesten: Konventionelle Westen, die aus unterschiedlich geformten und verbundenen Platten aus Dämpfungsmaterial (Schaumstoff) bestehen, die in Kunststoffgewebe als Westenform gefasst sind. Hier gibt es unterschiedliche Dämpfungsklassen, durchgesetzt hat sich international die BETA Kategorie level 1° bis 3°, wobei 3° die stärksten Dämpfungseigenschaften bietet. Die BETA Klassifikation erfüllt auch die EN 13158.

Solche Westen sind für Wettbewerbe in der Vielseitigkeit vorgeschrieben, bieten aber auch bei allen anderen riskanten Reitaktivitäten einen guten Schutz des Brustkorbs und des Rückens im Abdeckungsbereich. Kinder können auch von diesem Schutz profitieren, man muss aber beachten, dass das relativ steife Material und die oft für Kinder „auf Zuwachs" gekauften Westen ein dynamisches und sensibles Reiten behindern. Im Sommer kommt es auch zu einem Hitzestau unter der Weste.

Diese Nachteile der Standardweste haben zur Entwicklung von sogenannten Airbag-Westen geführt, die seit circa zehn Jahren verfügbar sind: Ein großvolumiges Schlauchsystem ist in eine widerstandsfähige Stoffweste eingelegt. Bei einem Sturz werden die Schläuche explosionsartig in Millisekunden mit Kohlendioxid-Gas aus einer Kartusche gefüllt. Das gefüllte Schlauchsystem bildet beim Aufprall einen prall-elastischen widerstandfähigen Käfig um Brustkorb und Nacken. Der Schutz der Airbagwesten entspricht im aktivierten Zustand der Wirkung von BETA-3-Westen. Alle scharfen oder stumpfen einwirkenden Kräfte, selbst das Körpergewicht von Pferden, werden deutlich abgedämpft. Selbst die gefährdete Halswirbelsäule wird durch luftgefüllte Krägen stabilisiert. Beeindruckende Beispiele für die Wirksamkeit der Airbag-Westen finden sich als Filme in großer Zahl im Netz, katastrophale Stürze, wie zum Beispiel Überrollstürze (rotational fall) von Spitzenreitern wurden fast unbeschadet überstanden. Viele Geländereiter und Jagdreiter schwören inzwischen auf diese Technik.

Vorgeschrieben ist sie aus unterschiedlichen Gründen noch nicht, es bleibt dem Reiter die Entscheidung überlassen. Bei Wettbewerben in der Vielseitigkeit muss unter der Airbag eine BETA Standardweste getragen werden. Neben den deutlich höheren Kosten für diese Westen (circa 400 €) gibt es einige Problempunkte, die es zu beachten gilt: Es sind für die Auslösung mindestens 15-30 kp notwendig, das bedeutet, dass kindliche Reiter erst ab höherem Körpergewicht mit zuverlässigem Auslösen rechnen können. Außerdem ist der Auslösemechanismus, der mechanisch durch Zug an einem am Sattel befestigten Kabel

erfolgt, nicht in jeder Situation ausnahmslos korrekt: Es kann durch Reiten am Limit zu hohen oder hinteren Positionen im oder über dem Sattel kommen, die unbeabsichtigt auslösen.

Dann muss der Reiter mit gefüllter Weste weiterreiten, nach kurzer Zeit (ein bis zwei Minuten) lässt der Druck deutlich nach. Das ist auch der Grund, warum Reiter vor dem ersten Einsatz dieser Westen eine Testauslösung durchführen sollten, um den Wirkungsmechanismus zu erleben.

Andererseits wird besonders beim gefürchteten Rotationssturz der Reiter fast bis zum Aufprall im Sattel bleiben. Hier wird nicht am Kabel gezogen, es kommt systembedingt nicht oder zu spät zur vollen Auslösung.

Diese beiden mechanisch bedingten Auslösefehler können in Zukunft durch die in Entwicklung befindliche elektronische Auslösung der Westen behoben werden. Dann wird das Konzept wohl Teil der Grundausstattung eines Reiters werden.

Beachtet werden muss beim Kauf einer Airbagweste, dass neben den Kammersystemen um den Brustkorb auch ein gasgefüllter Nackenschutz existiert. Außerdem ist für den Reiter selbst wie auch im Fall des Falles für Rettungspersonal ein leicht zu öffnender Verschluss der Weste (Reißverschluss oder besser Clip) von großer Bedeutung.

Achten Sie bei sich und Ihrem Pferd stets auf eine gepflegte und sichere Ausrüstung.

Die Sicherheitsweste sollte sehr gu[...] sitzen – lassen Sie sich beim Anpas[...] von einem Fachmann beraten.

Jodphurhosen, welche nur mit Stiefeletten getragen werden, lassen den Reiter sein Pferd gut spüren, bieten aber auch eine geringere Stabilität als ein Reitstiefel.

Ob Reitstiefel oder Stiefelette – beide sollten eine glatte, durchgehende rutschfeste Sohle mit einem Absatz haben und nicht zu breit sein, um ein Hängenbleiben im Bügel im Notfall zu verhindern.

Weiter haben Turnschuhe oder gar Sandalen in der Nähe eines Pferdes nichts zu suchen!

Sicherheitswesten

Das Tragen von Schutzwesten ist nicht generell verpflichtend. Es ist in allen Leistungsprüfungen der LPO (Leistungsprüfungsordnung der FN) erlaubt, jedoch nur in Geländeprüfungen vorgeschrieben. Schutzwesten gibt es heute in vielen unterschiedlichen Varianten: Hartschalenprotektoren, gepolsterte Protektoren oder Airbag-Westen, welche sich bei einem Sturz sofort mit Luft füllen, sollen die Unfallfolgen deutlich reduzieren.

Eine sicherere Ausrüstung für Ihr Pferd

Auch für Ihr Pferd ist eine korrekte Ausrüstung unentbehrlich. Es sollte mit allen Arbeitsmaterialien vertraut sein beziehungsweise gemacht werden. Niemals dürfen ihm diese Schmerzen oder Verletzungen zufügen!

Ob Halfter, Strick, Trense, Gebiss, Kappzaum, Longe, Sattel, Sattelunterlage oder Gerte – alle Utensilien müssen angepasst (genutzt) werden sowie sich in einem einwandfreien, pferdegerechten und gepflegten Zustand befinden.

Ein gut sitzendes Stallhalfter wird so angelegt, dass dieses nicht ins Auge des Pferdes oder ganz vom Kopf rutscht. Gleiches gilt für einen Kappzaum. Dieser sollte über einen Ganaschenriemen verfügen, damit die Backenstücke bei einer Einwirkung nicht in Richtung der Augen verrutschen können. Um dem Pferd genügend Raum beim Führen zu gewähren, empfiehlt sich ein Strick von drei bis vier Metern Länge. Das Stallhalfter kann bei einem gut sozialisierten Pferd ein sehr angenehmes Ausrüstungsutensil auch in der Bodenarbeit sein. Seilhalfter werden hier ebenso verwendet, da sie sehr leicht sind, bergen jedoch auch die Gefahr, bei unsachgemäßen Einsatz sehr scharf auf den Kopf des Pferdes einzuwirken und: binden Sie Ihr Pferd niemals damit an. Fragen Sie im Zweifelsfall vor dem Gebrauch einen erfahrenen Ausbilder um Rat.

Dies gilt auch für den Gebrauch weiterer verschiedener Hilfsmittel oder Ausrüstungsgegenstände. Gebisse mit einer Hebelwirkung, Ausbindezügel verschiedener Art oder Sporen gehören ausnahmslos in erfahrene Hände eines sehr weit fortgeschrittenen Ausbilders. Sie können, unsachgemäß angewandt, Widersetzlichkeiten oder gar gesundheitliche Schäden nach sich ziehen. Von einem Vertrauensverlust des Pferdes ganz zu schweigen.

Unerlaubte Hilfsmittel wie stromführende Sporen oder Geräte, die durch kleine elektronische Impulse – Elektroschocks – die Gangqualität oder das Springvermögen „verbessern" sollen, sind tierschutzwidrig!

Sicherheitssteigbügel und ein geöffnetes, funktionierendes Sicherheitsschloss können ein Hängenbleiben im Steigbügel verhindern.

Achten Sie darauf, dass das Trensengebiss keine scharfen, ausgeschlagenen Kanten aufweist, die das empfindliche Pferdemaul verletzen. Weiter muss das Zaumzeug so angepasst sein, dass es die Atmung und Kauaktivität des Pferdes nicht behindert. Zwei Finger sollen zwischen Nasenrücken und Nasenriemen Platz haben!

Kontrollieren Sie *vor dem Reiten* Sattel- und Zaumzeug stets auf Vollständigkeit, Unversehrtheit und Passgenauigkeit. Satteldecken oder Schabracken müssen sauber sein und glatt auf dem Pferderücken aufliegen. Kammern Sie diese gut ein, um Druck auf den Widerrist zu vermeiden.

In Bezug auf die Passform Ihres Sattels ist ein erfahrener Sattler oder auch ein ausgebildeter Sattelberater der richtige Ansprechpartner. Auch Ihr Ausbilder kann die Passform unter Umständen gut beurteilen – jedoch in den seltensten Fällen den Sattel dann auch verändern. Lassen sie Ihren Sattel ungefähr jedes halbe Jahr kontrollieren und gegebenenfalls anpassen. Eines der wichtigsten Teile des Sattels ist die Sturzfeder, die am Steigbügelschloss angebracht ist. Sie sollte gut beweglich und offen sein. Im Falle eines Sturzes können in Folge Steigbügel und Bügelriemen herausrutschen, sodass der Reiter nicht hängenbleibt. Auch ein Sicherheitssteigbügel, der sich im Ernstfall öffnet, kann den Reiter schützen.

Stürzen lernen kann man nicht, aber ...

Ein Text von Eckart Meyners

Durch das Reiten kann man Erlebnisse erfahren, die in anderen Sportarten nicht möglich sind. Hintergrund ist die Auseinandersetzung mit einem zweiten Lebewesen. Dieses kann aber aufgrund seiner Größe und seiner Bewegungsmöglichkeiten in bestimmten Situationen eine Gefahr für den Reiter bedeuten, weil man nicht alle Eventualitäten der Bewegungsmöglichkeiten des Pferdes vorhersehen kann. Es könnte also zu Situationen kommen, in denen der Reiter vom Pferd „abgesetzt" wird – wie man so sagt!

Dieses „Absetzen" kann mit zwei Begriffen beschrieben werden: Sturz und Fall. Wenn auch umgangssprachlich beide Begriffe oft synonym benutzt werden, so ist dies bewegungswissenschaftlich falsch. Sturz ist ein ungewollter Niedergang zu Boden durch Entzug des Gleichgewichts. Der Reiter verliert die Kontrolle über seinen Körper, er wird aus einem gewollten Ablauf herausgerissen. Fall ist ein gewollter bewusst gesteuerter Niedergang zu Boden, wobei im Gegensatz zum Sturz das Gleichgewicht bewusst aufgegeben wird. Fallen wird in bestimmten

Eckart Meyners war über 38 Jahre als Dozent für Sportpädagogik an der Leuphana Universität Lüneburg tätig. Seit 1976 widmet sich Eckart Meyners den Fragen des Bewegungslernens im Reiten, da die Reitlehre als Bewegungslehre für das Pferd gilt, sie aber keine Bewegungslehre des Menschen enthält.

Sportarten als technische Aktion gelernt. Ein Volleyballer hechtet sich nach einem Ball, ein Handballer vollzieht einen Fallwurf am Kreis.

Diese Aktionen können kaum auf das Reiten übertragen werden, weil ein Reiter solche Handlungen nicht vollziehen möchte. Ein Reiter muss also als Schutz vor Stürzen Fähigkeiten erwerben, damit aus einer ungewollten Anfangsphase des Stürzens eine bewusste Bewältigung einer zweiten Phase des Niedergangs vom Pferd werden kann. So können weitestgehend extrem ungünstige Kontakte mit dem Boden vermieden werden.

Diese zweite Phase des Abgangs vom Pferd ist vor allem durch eine Ausbildung der koordinativen Fähigkeiten und der Beweglichkeit zu erreichen. Koordination setzt sich aus mehreren Fähigkeiten zusammen, unter denen das Gleichgewicht die entscheidende Grundlage bildet.

Nur ein mit hohen Gleichgewichtsfähigkeiten ausgestatteter Reiter ist imstande, in auftretenden Ungleichgewichtssituationen noch entsprechend bewegungsgerecht zu reagieren, um das Aufkommen auf dem Boden zu antizipieren und so bewegungsgerecht wie möglich gestalten zu können (zum Beispiel drehen, beugen, rollen). Die Härte des Aufkommens könnte so durch seine variable Körperhaltung und seine Gelenksysteme (Aspekte der Beweglichkeit) abgefangen werden, um negative Einflüsse auf den Körper zu reduzieren.

Runter kommt man immer – aber wie?

Auch Fallen kann und will gelernt sein. Gerade in unserer heutigen Zeit, in der sich schon viele Kinder nicht mehr wirklich spielerisch bewegen können, was ja durch einen Mangel an ebensolcher verursacht wird, sind die vermehrte Schulung der Körperwahrnehmung, der Geschicklichkeit und der Koordination unabdingbar geworden. Ein beweglicher Reiter wird dabei höchstwahrscheinlich in vielen Fällen „besser" vom Pferd kommen, als ein untrainierter. Neben der Deutschen Reiterlichen Vereinigung (FN) bieten viele weitere Institutionen oder auch Stuntreiter sogenannte Reflex- und Falltrainings an. Das Einbeziehen bestimmter Kampfsportarten hat sich in diesem Zusammenhang ebenfalls bewährt. Vor allem ein wesentlicher Grundsatz, der in verschiedenen Kampfsportarten angewendet wird, ist auch hier wichtig: Die Umleitung von Energie. Energie entsteht durch Bewegung – durch eine des Pferdes in diesem Fall. „Prallt" diese Energie im übertragenen Sinn in voller Wucht an einem Sturz ab – fällt der Reiter unkontrolliert zu Boden und es können schwere Verletzungen entstehen. Gelingt es ihm jedoch durch angewandtes Falltraining, diese Energie des Pferdes beziehungsweise seiner Bewegung umzuleiten – in eine neue Bewegung –, dann kann er einen Sturz abfangen und das Verletzungsrisiko minimieren. Damit jedoch im Ernstfall eine reflexartige Reaktion des Menschen bei einem Sturz „abgerufen" werden kann, reicht einmaliges Falltraining nicht aus. Das korrekte Fallen will im wahrsten Sinne des Wortes unter Anleitung gelernt sein, denn es müssen erst Nervenzellverschaltungen in unserem Gehirn dafür gebildet werden und es bedarf regelmäßiger Übung und vieler Wiederholungen, damit aus dem bewussten Vollziehen einer Handlung ein reflexartiges Handeln entstehen kann.

Ein sicheres Umfeld für mein Pferd

Es gehört zur Verantwortung des Menschen, dem ihm anvertrauten Pferd die größtmögliche Sicherheit zu garantieren – so weit uns dies möglich ist. Dazu gehört das unmittelbare Umfeld des Pferdes wie Box oder Auslauf, die Ausbildung und aller sonstiger Umgang. Es darf weder von Handlungen des Menschen noch von Gegenständen eine Gefahr für das Pferd ausgehen.

Leuchten, Elektroleitungen und -anschlüsse sowie Wasserleitungen dürfen sich nur in gesichertem Zustand in Reichweite der Pferde befinden, bei Steckdosen

Binden Sie Ihr Pferd weder so lang an, dass es sich mit den Vorderbeinen im Strick verfangen, noch so kurz, dass es sich eingeengt fühlt und den Kopf nicht mehr bewegen kann.

So ist es richtig! Denken Sie beim Anbinden auch an den einzuhaltenden Individualabstand der Pferde, welche nebeneinander stehen. Sie sollten weder mit dem Kopf noch mit der Hinterhand an den Nachbarn gelangen können, da es bei eventuellen Abwehrreaktionen sonst zu Verletzungen auch des gegebenenfalls dazwischen stehenden Menschen kommen kann.

ist zusätzlich auf eine Kindersicherung zu achten. Lampen jeder Art sowie Fenster aus Glas oder anderen zerbrechlichen Materialien müssen in für Pferde erreichbarer Höhe extra gesichert werden. Dabei sollte man bedenken, dass ein steigendes Pferd durchaus eine Höhe von um die 3,50 Meter erreichen kann und entsprechend Vorsorge treffen. Medikamentenschränke sind vor unbefugter Nutzung zu schützen. Giftpflanzen gehören weder auf das Stallgelände noch auf eine Pferdeweide, auch sollte achtsam mit (Pflanzenschutzmitteln oder sonstigen) Giften oder am besten gar

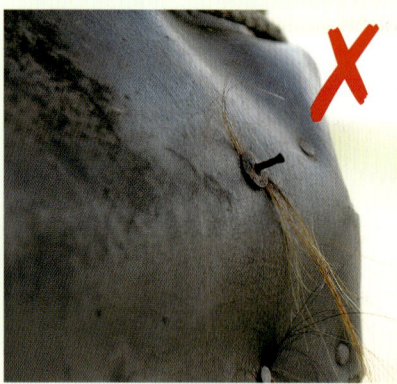

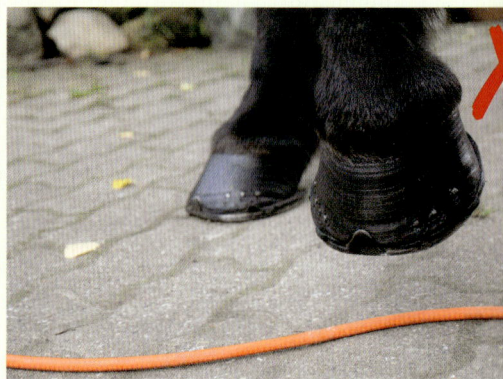

An einem hervorstehenden Nagel, kann sich Ihr Pferd schwer verletzen.

Vorsicht Gefahr! Ein auf dem Boden liegendes, ungesichertes Elektrokabel gehört nicht in die Nähe eines Pferdes!

nicht mit solchen umgegangen werden. In jeden Reitstall gehören darüberhinaus ein Feuerlöscher, ein Rauchmelder, ein Verbandskasten für Reiter sowie eine vollständige Stallapotheke für die Pferde. Diese sollten verschlossen, aber für jeden Erwachsenen erreichbar sein.

Möchten Sie Ihr Pferd putzen, sollten Sie dies nicht auf der Weide, dem Paddock oder in der Box tun. Auf einer Freilauffläche könnten Sie bei Rangstreitigkeiten innerhalb der Herde zwischen die Fronten geraten und in der Box fällt der herausgeputzte Schmutz auf die Einstreu und das Futter des Pferdes. Der Putzplatz sollte groß genug, mit einem rutschsicheren Boden ausgestattet, sauber und gerne über-

dacht sein. Die Stallgassenbreite gestaltet sich unter anderem in Abhängigkeit davon, ob es zu dieser hin offene Boxenfenster gibt. Grundsätzlich wird eine Breite von drei Metern empfohlen. Gerade bei nach innen geöffneten Fenstern ist darauf zu achten – auch und gerade wenn sich die Anbindeplätze direkt auf der Stallgasse befinden – dass keines der Boxenpferde das zu führende oder zu putzende Pferd erreichen kann. Die Bodenbeschaffenheit der Stallgasse sollte ebenfalls rutschfest sein.

Arbeitsutensilien wie Schaufeln, Forken, Abäppler und Schubkarren gehören an einen eigens dafür eingerichteten und für Pferde nicht erreichbaren Ort. Eine Halterung an der Wand sorgt hierbei zu-

Achtung! Hängen Sie die Litze hoch genug auf, wenn Sie Ihr Pferd aus dem Auslauf holen, sodass Ihr Pferd keinen Stromschlag bekommt.

sätzlich für eine sichere Verwahrung der Arbeitsgerätschaften.

Trensen, Sattel oder Decken gehören an dafür angebrachte Sattel- oder Trensenhalter. Auch der Putzkasten sollte außerhalb der Reichweite des Pferdes stehen, um ein Hineintreten zu verhindern.

Fahrräder oder Kinderspielzeug sind ebenfalls nicht in der Nähe des Putzplatzes zu platzieren. Zum Anbinden ist ein in einer Mauer befestigter Anbindering ungefähr auf Buggelenkshöhe oder ein massiver, in der Erde sicher verankerter Holzbalken geeignet. Binden Sie Ihr Pferd bitte niemals an instabilen Gegenständen oder Boxengittern an – hier besteht eine große Verletzungsgefahr!

Scharfe Kanten müssen abgerundet und kaputte Weidezäune umgehend repariert werden. Die Einzäunung einer Pferdeweide mit Stacheldraht ist gesetzlich verboten! Verletzungen, die hier bei einem Durchbrechen oder Hängenbleiben eines Pferdes entstehen können, sind eine Qual für das Pferd und enden oftmals damit, dass das Tier eingeschläfert werden muss!

Die Einzäunung von Pferdeweiden oder Paddocks sowie auch die Tore mit intakten Torgriffen sollten für größtmögliche Sicherheit für die Tiere und das Umfeld sorgen. Sichern Sie Ihre Weiden durch ein Schloss vor dem Betreten von Unbefugten. Die Halfter sind dem Pferd auf dem Paddock, der Weide oder in der Box abzunehmen.

Weiter müssen alle Materialien, mit denen das Pferd, sei es in der Box oder auf dem Auslauf, in Berührung kommt, gesundheitlich unbedenklich sein.

Zur Beschaffung eines sicheren Zaunes geben die *Leitlinien zur Beurteilung von Pferdehaltungen unter Tierschutzgesichtspunkten* des Bundesministeriums für Ernährung, Landwirtschaft und Verbraucherschutz von 2009 unter dem Artikel 3.1.2. unter anderem folgende Empfehlung:

„Die Einzäunung muss so beschaffen sein, dass größtmögliche Sicherheit für Tier und Mensch gewährleistet ist. Dabei sind die arttypischen Verhaltensweisen des Pferdes

So bitte nicht!

Auch ein Putzplatz kann im ungünstigen Fall ein großes Gefahrenpotential für Pferd und Mensch darstellen. Viele Unfälle gerade im Umgang mit dem Pferd haben hier, oft durch die Unachtsamkeit des Menschen, ihren Ursprung. Herumliegende Arbeitsutensilien; zu dicht nebeneinander, an unsicheren Gegenständen oder gar am Trensenring angebundene Pferde; herumfliegender Müll oder eine unzweckmäßige Kleidung – so bitte nicht!

So ist es richtig!

- Sicher verankerte Anbindevorrichtung ungefähr auf Buggelenkshöhe.
- Sauberer, rutschfester Boden.
- Die Arbeitsgerätschaften, wie der Abäppler, Forken oder Besen sind außerhalb der Reichweite des Pferdes, an einem dafür vorgesehenen Platz verwahrt.
- Alle Arbeitsutensilien wie Putzkasten, Sattel oder Trense sind ebenfalls in sicherer Entfernung ordentlich zu platzieren.
- Spielzeug, Fahrräder oder Autos haben ihren eigenen Parkplatz.
- Sollte ein Pferd am Putzplatz in Panik geraten, ist es ratsam einen sich nicht lösenden Strick zerschneiden zu können.
- Prinzipiell gilt, auf einen umsichtigen Umgang mit dem Lebewesen Pferd zu achten.

Alle Arbeitsutensilien sind ordentlich an einem für Pferde unzugänglichen Ort aufzubewahren.

Erkennen Sie Auffälligkeiten bei Ihrem oder einem anderen Pferd in Ihrem Stall, kontaktieren Sie den Pferdebesitzer und/oder Stallbetreiber sowie wenn notwendig einen Tierarzt. Ein abendlicher Kontrollgang, auch wenn es nicht der eigene Stall ist, sollte ein absolutes Muss sein, denn dadurch lässt sich eine Kolik vielleicht schon im Anfangsstadium erkennen. Achten Sie vor dem Verlassen der Anlage darauf, dass alle Tore geschlossen, das Stalltor gesichert und das Stromzaungerät angeschaltet ist. Nun können Sie beruhigt nach Hause fahren!

Ein faires Miteinander für mehr Sicherheit in der Reitbahn

Ein fairer und respektvoller Umgang in der Reitbahn und im Gelände sollte für jeden Reiter selbstverständlich sein. Grundsätzlich werden Pferde immer in die Reitbahn geführt, nur allzu oft gestalten sich Durchgänge und Türen auf dem Weg dorthin als viel zu niedrig oder der Boden als zu glatt, um einfach hineinzureiten. Denken Sie vor dem Betreten der Bahn an ein lautes „Tür frei!", um Ihr Eintreten anzukündigen und warten Sie auf die Rückantwort Ihrer Mitreiter „Ist frei!". Führt man sein Pferd einige Runden zum Aufwärmen, ist auf genügend Abstand zu anderen Pferden zu achten. Für das Aufsitzen stellen

als Fluchttier und die Besonderheiten seines Gesichtsfeldes zu berücksichtigen. Die Einzäunung muss gut sichtbar, stabil und möglichst ausbruchsicher sein. [...]"

Gitterstäbe oder Raufen sollten so beschaffen sein, dass das Pferd nicht in ihnen hängenbleiben kann. Mindestens zweimal täglich ist die Trinkwasserversorgung zu überprüfen. Ebenso ist sicherzustellen, dass für alle Pferde einen Zugang zu genügend Saft- oder Raufutter gewährleistet ist.

Nehmen Sie Rücksicht aufeinander! Achten Sie auf genügend Abstand beim Aneinandervorbei-reiten, sowie zu dem Vorderpferd beim Hintereinanderherreiten.

Sie sich parallel zur kurzen Seite entweder in der Zirkelmitte oder an einem anderen Punkt der Mittellinie auf. Befindet sich Ihre Aufsteighilfe am Rand oder möchten Sie Ihre Jacke auf der Bande ablegen (was eine Unsitte, aber in Ermangelung anderer Möglichkeiten Usus ist), rufen Sie „Aufsteighilfe frei" oder „Bande frei!". In einem Stall, in dem nach der klassischen Lehre ausgebildet wird, hat die Arbeit am Langen Zügel Vorrang vor der Arbeit an der Hand, hiernach folgt das Reiten und zu guter Letzt das Longieren. Diese Regel variiert jedoch von Stall zu Stall, in den meisten Ställen hat das Reiten oberste Priorität und hier das der ganzen Bahn vor dem Zirkel, vor Schlangenlinien und so weiter. Es ist immer hilfreich, höflich zu kommunizieren und gegebenenfalls um Rücksichtnahme zu bitten. Beobachten Sie, dass ein anderer Reiter Probleme, Sorgen oder Schwierigkeiten mit seinem Pferd hat, parieren Sie zum Schritt oder Halten durch, bis er die Situation wieder unter Kontrolle hat oder bieten Sie Ihre Hilfe an. Seien Sie umsichtig, gerade mit schwächeren Reitern und unsicheren Pferden! Beharren Sie nicht auf Ihrem Recht, sondern fördern Sie ein kameradschaftliches Miteinander!

Prinzipiell hat die linke Hand Vorfahrt vor der rechten Hand, dies bedeutet, dass die Reiter der rechten Hand dem Reiter, der ihnen entgegenkommt, in das Bahninnere ausweichen müssen. Beim Wechseln der Hand „begegnen" sich ebenso stets die linken Hände der entgegenkommenden Reiter. Im Schritt ist der Hufschlag

Um erfolgreich lernen zu können, ist eine ruhige Atmosphäre am „Arbeitsplatz" unabdingbar.

freizuhalten. Achten Sie auf genügend (!) seitlichen Abstand und halten Sie nicht rücksichtslos aufeinander zu! Gerade junge Pferde können sehr schnell Platzangst bekommen und Abwehrreaktionen zeigen oder die Balance verlieren und Reiter und Pferd landen an der Bande. Das muss nicht sein! Der Sicherheitsabstand zum Vorderpferd von mindestens einer Pferdelänge ist unbedingt einzuhalten. Befinden sich sehr viele Reiter in der Reitbahn, ist es sinnvoll, dass alle auf einer Hand reiten und der älteste oder erfahrenste Reiter kündigt die Handwechsel durch „Handwechsel bitte" an. Führen Sie einen Hund bei sich, sollte dieser so lange ruhig an seinem „Hundeplatz" warten, bis Sie fertig geritten sind. Ansonsten nehmen Sie ihn bitte nicht mit

in die Reitbahn. Der Alltag lässt sich auch in der Reitbahn nicht ausschließen und immer wieder kann es zu unvorhergesehenen Situationen kommen, welche unsere Konzentrationsfähigkeit sowie die unseres Pferdes zeitweise stark fordern. Trotzdem kann neben dem Stallbesitzer jeder einzelne von uns dazu beitragen, ein ruhiges und sicheres Umfeld zu schaffen, in dem wir uns und unser Pferd gut konzentrieren und arbeiten können.

Seien Sie im Umgang mit Ihren Mitreitern stets so rücksichtsvoll, wie Sie sich dies auch von ihnen wünschen! Selbst wenn diese nicht die gleiche Reitweise pflegen wie Sie, können Sie doch immer wieder in eine gemeinsame, pferdefreundliche Richtung schauen und arbeiten. Geht dabei einmal der Respekt zu einem Pferd verloren, sprechen Sie den Reiter ganz in Ruhe darauf an und bitte Sie ihn, innezuhalten und sich wieder zu fangen. Sollte sich ein unschöner Umgang mit dem Pferd wiederholen, ergreifen Sie Partei für dieses, sprechen Sie den Stallbetreiber an und bitten Sie um Unterstützung. Keine leichte Aufgabe in vielen Ställen – aber je mehr Reiter sensibel auf die Bedürfnisse der Pferde reagieren, und solches Verhalten ansprechen, desto größer die Chance, dass sich ein Umdenken, das längst eingesetzt hat, immer weiter etabliert: Für unsere Pferde!

Die Natur genießen

Was gibt es Schöneres, als mit dem Pferd gemeinsam die Natur bei einem frischen Galopp zu genießen? Damit der Ausritt so schön endet, wie er begonnen hat, sollten zunächst einmal Pferd und Reiter gewisse Voraussetzungen erfüllen, damit sie nicht zum Sicherheitsrisiko für sich selbst und ihre Umgebung werden. Ein Ausflug ins Gelände kann für Pferd und Mensch einige Herausforderungen bereithalten, die es gut vorzubereiten gilt, möchte der Reiter Abwehrreaktionen seitens des Pferdes und Gefahrensituationen verhindern. Eine Mülltonne, ein Mähdrescher mit Anhänger, eine Familie mit wild kläffendem Hund und einem Kinderwagen, Rehwild, das den Weg kreuzt, wehende Fahnen, Kinder, die einen Drachen steigen lassen oder ferngesteuerte Flugzeuge können panische Angst und ein Fluchtverhalten des Pferdes auslösen. Selbst dem Pferd bekannte

Geben Sie Ihrem Pferd die Zeit, sich auch an andere Vierbeiner zu gewöhnen.

Ganz schön groß! Mit einer guten Vorbereitung werden auch Landmaschinen aller Art aufmerksam, aber doch gelassen toleriert.

Strahlen Sie auch in für das Pferd ungewöhnlichen Situationen Ruhe aus, wird
dieses sich schnell wieder entspannen.

Fußgänger und andere Reiter sind im Schritt und mit genügend
Sicherheitsabstand zu passieren.

Gegenstände und Situationen wirken in einem anderen Kontext vollkommen neu und gegebenenfalls furchterregend. Wichtig ist, dass Sie souverän und ruhig bleiben und reagieren – nur Sie allein können jetzt Ihrem Pferd Sicherheit und Vertrauen vermitteln. Nutzen Sie diese Chance!

Um sich auf schwierige Situationen vorzubereiten, ist eine gut aufgebaute und durchdachte Bodenarbeit in der Bahn und im Gelände eine wunderbare Möglichkeit. Dadurch können Sie Ihr Pferd unter anderem an Engpässe, Wasserstellen und den Straßenverkehr mit all seinen Straßenschildern, Gullideckeln, Brücken und Fahrzeugen gewöhnen, ihm Vertrauen geben, es aber auch in seinen Reaktionen

beobachten. Bereiten Sie die Begegnung mit Traktoren oder anderen Fahrzeugen bereits auf dem heimischen Hof vor.

Weiter sollten Sie gerade mit einem jungen und/oder unerfahrenen Pferd nie allein ausreiten, sondern in Begleitung eines erfahrenen Führpferdes. In jedem Falle ist es angeraten, den Stallbetreiber oder andere Stallmitglieder zu informieren, welche Route Sie reiten möchten und wann Sie in etwa wieder da sein werden. Führen Sie stets ein auf lautlos gestelltes Handy bei sich. Beginnen Sie zunächst mit kleineren, weniger „spektakulären" Ausreitrunden und steigern Sie die Anforderungen langsam. Auch und gerade im Gelände ist eine sichere Ausrüstung von Pferd und Reiter

er Unterschied zwischen nem unbeleuchteten Pferd nd einem korrekt ausge- atten ist frappierend!

Reiten Sie im Straßenverkehr stets auf der rechten Seite. Steigen Sie in Situationen, in denen Sie sich unsicher fühlen, lieber ab und führen Ihr Pferd!

Ein Handzeichen kündigt einen Richtungs- wechsel an. Bitten Sie gegebenenfalls durch ein Auf- und Niederführen Ihres Armes um Rücksichtnahme.

unverzichtbar. Bei schlechter Sicht in Dunkelheit, Nebel oder in Regen und Schnee sind Leuchtgamaschen an allen vier Beinen, eine Leuchtdecke für das Pferd, eine Leuchtweste sowie eine nicht blendende, an der linken Seite angebrachte Stiefellampe mit einem weißen Licht nach vorne und einem roten nach hinten für den Reiter von oberster Priorität. So werden Sie von anderen Verkehrsteilnehmern gut gesehen – eine korrekte Beleuchtung ist laut Straßenverkehrsordnung §28 vorgeschrieben!

Eine weitere Voraussetzung für einen Ritt ins Gelände ist ein absolut sicherer zügelunabhängiger Grundsitz und das Beherrschen des Entlastungssitzes. Ihr Pferd sollte im Schritt, Trab und Galopp sicher an den Hilfen stehen, das heißt in Richtung, Tempo und Gangart am Zügel stehend mit einer leichten Hilfengebung zu reiten sein, auf feine Impulse hin anhalten und rückwärtsgehen können. Falls gewünscht, steht es auch minutenlang ruhig still und lässt Sie sicher auf- und absteigen. Es bewahrt mit Ihnen gemeinsam in ungewöhnlichen Situationen in der Halle oder auf dem Reitplatz die Ruhe. Ein gegenseitiges Vertrauensverhältnis am Boden wie unter dem Sattel zeichnet dabei Ihre Beziehung aus!

Bleiben Sie stets auf für das Reiten ausgezeichneten Wegen, meiden Sie unsicher wirkende Böden und Engstellen. Kürzlich geflutete oder künstlich angelegte Teiche

(Kiesteiche oder Sandgruben) können lebensbedrohlich für Pferd und Mensch sein. Informieren Sie sich und prüfen Sie vor dem Bad, ob diese Wasserstelle sicher für Sie und Ihr Pferd ist.

Begegnen Ihnen auf dem Ausritt andere Reiter, Fußgänger oder Fahrzeuge, parieren Sie immer(!) zum Schritt durch oder halten Sie an.

Verhalten Sie sich aufmerksam, bleiben Sie jedoch gleichzeitig entspannt und bewahren Sie Ihre innere Gelassenheit. Diese benötigt Ihr Pferd, um Ihnen vertrauen zu können.

Werfen Sie vor dem Ausritt einen Blick auf die Wettervorhersage: Bei Sturm und Unwetterwarnungen sollten Sie lieber zu Hause bleiben. Sie selbst sind mit Ihrem Pferd bei einem Ausritt ein aktiver Teil des Straßenverkehrs, sodass für Sie ebenfalls die Regeln der Straßenverkehrsordnung gelten.

Das Reiten auf Fußgänger- und Fahrradwegen ist dabei untersagt. Sie sollten sich stets am Rande des rechten Fahrbahnstreifens bewegen.

Zum Ausklang Ihres schönen Ausritts lassen Sie Ihr Pferd mindestens die letzten fünfzehn Minuten im Schritt nach Hause gehen. Dies ist pädagogisch wertvoll, damit Ihr Pferd den Rückweg nicht auch in Zukunft schneller nehmen möchte, als Ihnen lieb ist.

Mein bestes Showpferd

Ein Text von Andrea Schmitz

Mein bestes Showpferd „Bailador" ist ein Andalusierhengst, der sich in seiner Qualität hinsichtlich Sicherheit und Vertrauen dadurch auszeichnet, dass er auch in spannungsgeladenen Situationen „bei mir" bleibt. Feuerwerk, flatternde Tücher, hoher Geräuschpegel, Lichteffekte ... Bei aller Aufregung rundum bleibt er 100 Prozent kontrollierbar. Aber auch „Bailador" hat „wunde Punkte", zum Beispiel das Überqueren von Holzbrücken! Ich sehe seinem Blick an, dass er diesen nicht traut, weil er Sorge hat, dass er rutschen könnte. Während unserer Zauberwaldtournee kamen wir auch nach Holland und dort gab es viele dieser Holzbrücken! Die nahm ich bei unseren fast täglichen Spazierausritten als Trainingsmöglichkeit. Allerdings nur an trockenen Tagen: Nasse Holzbrücken sind tatsächlich rutschig. Wenn ich vor einer solchen Brücke stehe und merke, dass „Bailador" zögert, darüber zu gehen, versuche ich ihn durch momentweises Treiben, abwechselnd mal mit dem linken, mal mit dem rechten Schenkel (um ihn nicht einzuengen bewusst abwechselnd), zu überzeugen, dass er mit mir das „gefährliche Hindernis" überwinden kann. Geht er nur ei-

Andrea Schmitz ist Showreiterin und Ausbilderin für Klassische Dressur.

nen kleinen Schritt, setze ich meine Hilfen sofort aus und lasse ich ihn wieder stehen und entspannen. So versteht er dies als positive Rückmeldung, dass er richtig auf mich reagiert hat. Durch dieses Vorgehen kann ich im wahrsten Sinne des Wortes Schritt für Schritt die Brücke überschreiten. Bleibt „Bailador" unsicher, steige ich ab und gehe vorweg. Auch wenn er mir nicht gleich folgt, weiß ich, dass es für ihn leichter ist, sich zu überwinden, wenn ich zu Fuß bin. Er beobachtet dann genau, wie ich auf die Brücke gehe, hört, welche Geräusche das Betreten der Brücke macht und versteht, dass dabei nichts Gefährliches passiert. Zwischendurch gehe ich zu ihm, rede beruhigend auf ihn ein, streiche ihn mit der Hand ab, so wie ich es abends regelmäßig mache, wenn ich vor dem Schlafengehen in den Stall gehe, um den Pferden Gute Nacht zu sagen und ihnen ein Leckerli gebe. Einfach so, ohne Leistung, weil sie darüber eine entspannte und positive Stimmung mit mir verknüpfen. Diese „Zuhause-Stimmung" übertrage ich in unsicheren Momenten auf meine Pferde, sodass sie dann trotz Aufregung weiter auf diese gelernten Signale reagieren. Am Boden habe ich für die Pferde mehr sichtbare Präsenz als im Sattel. „Bailador" lässt sich dann leichter davon überzeugen, mir zu folgen. Ist er einige Male über die Brücke gegangen und wird mit jedem Mal zusehends entspannter, kann ich das Gleiche auch geritten verlangen. Sein Vertrauen ist meist nach wenigen Wiederholungen so gewachsen, dass auch das dann gut klappt.

Und wenn doch etwas

Erste Hilfe für den Notfall

Ein Text von Uwe Brolle

Uwe Brolle von der Outdoor First Aid Academy (OFAA) ist Lehrrettungs-, und Luftrettungsassistent, Mountainparamedic, Diplomierter Pflegefachmann im Bereich Notfallstation, Aufwachraum, Überwachung/ Intensiv, Frührehabilitation, Lehrbeauftragter, Erlebnispädagoge, Teamtrainer und Visagist beschäftigt sich seit 2005 mit dem „Sicher+Reiten"-Projekt für Kinder, Jugendliche, Erwachsene und Pferde. Er arbeitet mit namenhaften Reitsportpersönlichkeiten wie Eckart Meyners, Firmen, Vereinen und der Uelzener Versicherung zusammen.

Bei aller Vorsicht, guter Ausbildung und angemessener Sicherheitsausrüstung lassen sich Unfälle leider niemals gänzlich ausschließen – das gilt für den Reitsport ebenso wie für das tägliche Leben. Falls etwas passiert, ist es wichtig, richtig zu handeln. Nur so lassen sich im schlimmsten Fall die Unfallfolgen minimieren. Gerade wenn Pferde involviert sind, sollten gewisse Dinge beachtet werden, damit nicht noch mehr geschieht.

Zuerst einmal ist natürlich der Verletzte zu versorgen, ist man allerdings mit einer Reitergruppe unterwegs und ein Reiter gestürzt, so müssen die Aufgaben eingeteilt werden, um zu verhindern, das durch freilaufende Pferde noch mehr geschieht. Wichtig ist: Versorgung des Verletzten bei gleichzeitiger Sicherung der Pferde – alle Reiter der Gruppe sitzen ab, die Pferde werden am Zügel gehalten.

Vorgehen am verletzten Reiter: Bewusstseinskontrolle durch Ansprechen
- Ansprechbar: lagern je nach Verletzungsart
- Nicht ansprechbar: Atemkontrolle hören, sehen, fühlen; sicherste Methode Hand auf Brust/Bauch auflegen
- Bei ausreichender Atmung: stabile Seitenlage, Mund sollte tiefster Punkt sein, sodass Mageninhalt ablaufen kann, um eine mögliche Einatmung zu vermeiden

passiert?

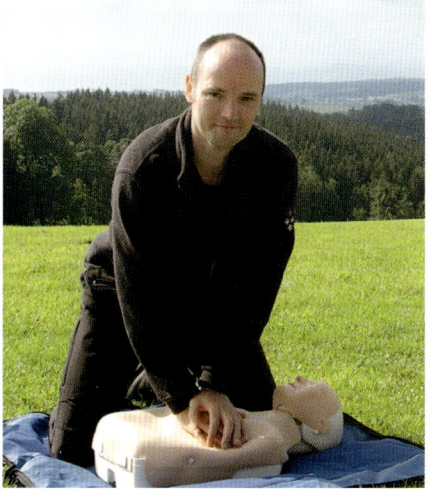

Das regelmäßige Besuchen von Erste-Hilfe-Kursen kann im Notfall Leben retten. Uwe Brolle zeigt den Kursteilnehmern, wie es richtig geht.

- Keine ausreichende Atmung vorhanden: Herz-Lungen-Wiederbelebung: 30 x Thoraxkompression, 2x beatmen
- Steht ein automatisierter externer Defibrillator (AED) zur Verfügung, bitte anwenden

- Bodycheck: Suche nach Verletzungen wie verdeckte Blutungen, Fehlstellungen oder Prellmarken
- Lagerung des Verletzten je nach Verletzungsart
- Absetzen des Notrufs:
  Wo ist es passiert?
  Was ist passiert (bitte geben Sie unbedingt mit an, dass es sich um einen Reitunfall handelt)?
  Wie viele Verletzte?
  Welche Verletzungen?
  Warten auf Rückfragen!

Wichtig !!! Der Rettungsleitstelle unbedingt mitteilen, dass Pferde auf der Reitanlage/am Unfallort sind, das Martinshorn soll ausgeschaltet bleiben, wenn der Rettungswagen beziehungsweise die Feuerwehr ankommt.

Gut ist, wenn man ein kleines Erste-Hilfe-Set auf dem Ritt dabei hat – im Stall selber sollte es obligatorisch sein. Zur Wärmeerhaltung ist die Erste Hilfe Folie wichtig: Silberseite zur verletzten Person, goldene Seite nach außen.

Fortsetzung von Seite 78/79

Auch Kinder und Jugendliche sollen in vorbereitenden Erste-HIlfe-Kursen lernen, was im Notfall zu tun ist.

Denken Sie immer daran, Ihr Mobiltelefon mit auf den Ausritt zu nehmen und behalten Sie es am Körper. Falls das Pferd nach einem Sturz das Weite sucht, ist ein Handy in der Satteltasche nichts mehr wert! Nicht überall haben sie eine Telefonverbindung. Schauen Sie daher öfter mal auf Ihr Handy, wo Sie eine Verbindung haben und merken Sie sich die Stelle.

Aber auch ohne dass der Reiter vom Pferd fällt, gibt es Unfälle, die im Stallbereich und im Umgang mit dem Pferd „typisch" sind. Durch Tritte oder Bissverletzungen kann es zu offenen Wunden mit starken Blutungen kommen. Im Bereich des Kopfes kann es aus Ohren, Nase und Mund bluten. Läuft das Blut aus dem Ohr, kann eine Kompresse aufgelegt werden. Bei Nasenbluten sollte der Kopf nach vorne geneigt, etwas Kühles in den Nacken gelegt und darauf geachtet werden, dass nicht zu viel Blut geschluckt wird, da der Magen dies nicht gut toleriert.

Ist die Verletzung in der Mundhöhle, sollten lose Zähne entfernt werden, sonst droht Erstickungsgefahr durch Einatmung.

Bei einer Wundversorgung sollten Sie immer Erste Hilfe Handschuhe tragen, da kleinste Hautöffnungen Eintrittspforten für Keime sind. Achten Sie darauf, dass Sie einen ausreichenden Impfschutz gegen Tetanus haben. Generell sollten Wunden nicht desinfiziert, keine Gels oder Pflastersprays verwendet oder festsitzende Splitter entfernt werden. Druckverbände werden bei Schnittwunden angewandt.

Wichtig: Gegenstände, die im Körper stecken, werden nicht entfernt, Sie werden fixiert, damit Sie nicht zu weiteren Verletzungen und Blutungen führen. Offene Knochenbrüche oder großflächige Quetschungen werden steril abgedeckt und vorsichtig verbunden, was in Reitställen allerdings so gut wie unmöglich ist. Geschlossene Knochenbrüche sollten ruhig gestellt und mit kühlen Umschlägen oder Kühlelementen gekühlt werden, ohne Druck auf die Bruchstellen auszuüben.

Immer wieder passiert es, dass es in den Stallungen einer Reitanlage zu Amputationsverletzungen unterschiedlichen Ausmaßes kommt. Hier sollte ein steriler Verband zur Blutstillung angelegt werden, das abgetrennte Amputat in eine sterile Kompresse oder ein Verbandtuch eingewickelt, in einen Plastikbeutel gegeben und in einen zweiten Beutel mit kaltem Wasser gelegt werden. Notruf absetzen!

Bei Verdacht auf eine Wirbelsäulenverletzung, sollte der ansprechbare Reiter nicht bewegt werden, schützen Sie ihn vor weiterer Auskühlung. Liegt eine Brustkorbverletzung vor, sitzt der Betroffene meist und hält sich die verletzte Seite fest, bei einer Bauchverletzung sollte der Verletzte sich auf die Seite legen und die Beine anziehen bis Hilfe eintrifft. Keinesfalls sollte der/die Verletzte aufstehen!

Natürlich gibt es wie im wahren Leben auch noch viele andere Unfälle, die geschehen können. Die beste Unfallvermeidung ist der fachgerechte Umgang mit dem Pferd und eine gute Ausbildung von Pferd und Reiter. Des Weiteren sollten Erste Hilfe Kurse in regelmäßigen Abständen im Stall durchgeführt werden, ein vollständiger und aktuell gepflegter Erste Hilfe Kasten vorhanden sein, von dem der Reiter und Pferdebesitzer auch wissen, wo er sich befindet und wie das Material anzuwenden ist. Dazu sollten ein Verbandsbuch, aktuelle Notfallnummern und eine Anleitung zur Ersten Hilfe deutlich sichtbar angebracht sein.

Erste Hilfe Kasten Inhalt nach DIN 13157

1 x Heftpflasterspule 5 m x 2,5 cm

8 x Wundschnellverband E, 10 x 6 cm

4 x Fingerverband 120 x 20 mm

4 x Fingerkuppenverband

4 x Pflasterstrip 1,9 x 7,2 cm

8 x Pflasterstrip 2,5 x 7,2 cm

1 x Verbandspäckchen-K, einzeln steril

3 x Verbandspäckchen-M, einzeln steril

1 x Verbandspäckchen-G, einzeln steril

1 x Verbandtuch A 60 x 80 cm, einzeln steril

6 x Kompresse, 100 x 100 mm

2 x Augenkompresse, Mindestmaße 50 x 70 mm, einzeln steril

1 x Kälte-Sofortkompresse, Fläche mind. 200 cm²

2 x Fixierbinde FB 6,6 cm, cellophaniert

2 x Fixierbinde FB 8,8 cm, cellophaniert

1 x Rettungsdecke 160 x 210 cm, silber/gold

2 x Dreieckstuch D

1 x Schere

2 x Folienbeutel, mind. 300 x 400 mm

5 x Vliesstoff-Tuch, mind. 200 x 300 mm

4 x Einmalhandschuhe

1 Anleitung zur ersten Hilfe bei Unfällen,

1 Inhaltsverzeichnis, was im Koffer enthalten ist.

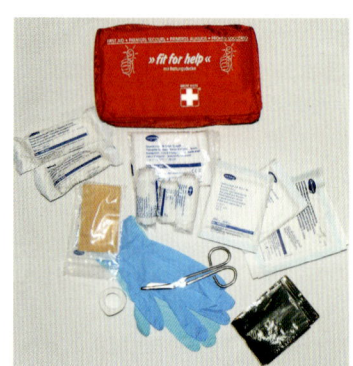

Hinweis: Bitte denken Sie auch an die Kennzeichnung des Aufbewahrungsortes (weißes Kreuz auf grünem Grund) und an eine regelmäßige Kontrolle des Erste-Hilfe-Koffers DIN 13157 auf Vollständigkeit und Einhaltung der Haltbarkeitsfristen des sterilen Inhalts.

Gut versichert! Das finanzielle Risiko minimieren

Ein Text von Bernd Bredenschey

Bernd Bredenschey, Leiter der Schadensabteilung der Uelzener Versicherungen, weiß, worauf der Pferdehalter bei Abschluss einer Haftpflichtversicherung achten muss.

Mit der Haltung oder dem Besitz eines Pferdes übernimmt der Mensch jede Menge Verantwortung. Verantwortung, die weit über die artgerechte Unterbringung, Fütterung und Bewegung hinausgeht. Nach § 833 BGB haftet der Besitzer eines Tieres nämlich für sämtliche Schäden, die durch sein Tier verursacht werden, unabhängig davon, ob ihn ein persönliches Verschulden trifft oder nicht. Es heißt: „Wird durch ein Tier ein Mensch getötet oder der Körper oder die Gesundheit eines Menschen verletzt oder eine Sache beschädigt, so ist derjenige, welcher das Tier hält, verpflichtet, dem Verletzten den daraus entstehenden Schaden zu ersetzen." Im Klartext bedeutet dies: Pferdehalter haften mit ihrem gesamten Vermögen, falls ihr Pferd einen Schaden anrichtet.

Dabei sollte man sich stets vor Augen halten, dass auch ein kleines Pony Anlass für einen großen Schaden sein kann. Nicht der zertretene Putzkasten oder die zerrissene Decke sind hierbei der Grund zur Sorge, sondern zum Beispiel ein Verkehrsunfall mit hohen Sach- oder im schlimmsten Fall Personenschäden. Der Alltag der Versicherer beweist, dass solche Schäden passieren – und zwar mit Minishetties als Verursachern ebenso wie mit Shire Horses. Dennoch muss natürlich niemand auf die Pferdehaltung verzichten – womöglich aus Angst, Haus und Hof zu verlieren, weil der Vierbeiner einen Unfall verursacht hat. Genau dafür gibt es die Tierhalterhaftpflichtversicherung, die im Schadensfall eintritt – immer vorausgesetzt, dass man sie abgeschlossen hat.

Fortsetzung von Seite 83

Im Notfall ist guter Rat teuer – wie gut, wenn man sich dann auf seine Versicherung verlassen kann.

Zu beachten ist, dass die Pferde ihrer „Nutzung" entsprechend versichert sein müssen. Es gibt Unterschiede zwischen privaten Reitpferden, Schul- und Therapiepferden, Vereinspferden, Kutschpferden sowie Zucht- oder Aufzuchtpferden. Lassen Sie sich am besten von einem Fachmann beraten, bevor Sie sich entscheiden.

Neben der Tierhalterhaftpflichtversicherung, die obligatorisch sein sollte, gibt es noch einige andere Versicherungen, die das finanzielle Risiko im Leben von Pferdebesitzern kalkulierbarer machen. Allen voran sind es die Gesundheitsversicherungen. Es wird zwischen der Krankenvollversicherung für Pferde und der Operationskostenversicherung unterschieden. Die Krankenvollversicherung entspricht in etwa einer privaten Krankenversicherung für den Menschen. Sie übernimmt (je nach Vertrag) die Kosten, die beim Tierarzt anfallen. Daneben gibt es die reine OP-Kosten-Versicherung, die immer dann eintritt, wenn ein Tier unter Vollnarkose operiert werden muss. Operationen kosten häufig mehrere tausend Euro, Beträge, die nicht in jedem Haushaltsbudget eingeplant sind. Für welche Versicherung man sich hier entscheidet, hängt vom persönlichen Sicherheitsbedürfnis ab. Tatsache ist aber, dass jede tierärztliche Behandlung oder Operation, abhängig natürlich von der Krankheit oder Verletzung des Pferdes, den Besitzer unter Umständen sehr teuer zu stehen kommen. Dabei geht es nicht immer um langwierige Behandlungsmethoden, die das Leben des Pferdes „künstlich" verlängern, selbst wenn dieses nicht mehr für den gedachten Zweck einsetzbar ist. Schnell einmal sind zwischen 4.000 und 10.000 Euro für eine Kolikoperation erreicht, die das Leben des Pferdes retten und nach der es gesund und glücklich noch viele Jahre treuer Begleiter für seinen Menschen sein kann. Die Entscheidung, dann auf eine Behandlung aus Kostengründen zu verzichten, möchte sicher niemand treffen müssen. Pferdelebensversicherungen, Transportversicherungen und spezielle Versicherungen wie Kastrations- oder Trächtigkeitsversicherungen schützen bei Verlust des Pferdes vor zu großen finanziellen Einbußen.

Für Reiter stellt sich stets auch die Frage nach der Unfallversicherung. Achten Sie darauf, dass Ihre normale Unfallversicherung den Reitsport mit einschließt. Daneben gibt es spezielle Unfallversicherungen für Reiter. Gängig ist die Variante, dass der Reiter selbst eine Zusatzversicherung für seinen Sport hat. Es gibt aber auch Spezialversicherungen, bei denen alle Reiter eines bestimmten Pferdes versichert sind. Das ist immer dann sinnvoll, wenn der Besitzer öfter auf Freunde oder Reitbeteiligungen zur Pferdebetreuung angewiesen ist, weil er sich nicht dauerhaft selber um das Pferd kümmern kann.

Zur Existenzsicherung ist für Pferdebesitzer eine Pferdehalterhaftpflichtversicherung und für Betriebsinhaber eine Betriebshaftpflicht essentiell. Auch wenn man seine Pferde nur hinter dem Haus hält, sollte man auf jeden Fall eine Betriebshaftpflichtversicherung abschließen.

Zudem ist die Deckungssumme wichtig, 5 Millionen Euro sind hierbei das Minimum, das zu empfehlen ist, besser sind 10 Millionen. Bei der Pferdehalter-Haftpflichtversicherung sollte ferner darauf geachtet werden, dass der Versicherungsschutz auch beim Reiten mit gebissloser Zäumung oder ohne Sattel besteht, Turnierrisiko oder Showauftritte eingeschlossen sind. Außerdem ist es wichtig, dass das Fremd- und Gastreiterrisiko mit abgesichert ist und die Reitbeteiligung ebenfalls Versicherungsschutz genießt. Gut, wenn die Versicherung keine Ansprüche an Zaunhöhen oder Art der Einzäunung erhebt und sinnvoll, Mietsachschäden mit einzuschließen, um Schäden an gemieteten und geliehenen Dingen wie Pferdeanhänger oder Pensionsboxen mit zu bedenken. Bevor ein Versicherungsvertrag abgeschlossen wird, sollten Sie in jedem Fall die Bedingungen genau lesen oder sich von einem Fachmann beraten lassen, damit Sie schlussendlich auch wirklich individuell entsprechend Ihrer Bedürfnisse abgesichert sind.

Der Mensch und sein Eintreten in ein Pferdeleben

Der Umgang mit dem Pferd und das Reiten halten eine große Fülle an Möglichkeiten für Mensch und Tier bereit, um über sich selbst hinauszuwachsen sowie gemeinsam durch dick und dünn zu gehen. Die Begegnung mit dem Pferd sollte hierbei stets von Aufmerksamkeit, Konzentration und einem respektvollem Miteinander geprägt sein.

Unabhängig davon, wie sich unsere Wünsche in Bezug auf unser Pferd gestalten oder welche Hürden wir gemeinsam mit ihm überwinden möchten: Wir sollten bedenken, dass *wir* in das Leben eines anderen Wesens, das des Pferdes, eingetreten sind und nicht umgekehrt. Jedes Pferd ist ein Individuum mit eigenen Vorlieben und Abneigungen, mit

Talenten und Charaktereigenschaften, die es zu respektieren gilt. Das „Sich-Einander-Kennenlernen" und eine Freundschaft zu schließen, ist wie bei uns Menschen oft ein langwieriger, intensiver Prozess. Hierbei entdeckt man immer wieder eine neue Seite an dem geliebten Partner und wächst an den gemeinsamen Aufgaben. Nun ist das bei einem anderen Menschen schon sehr

Mehr Sicherheit durch einen achtsamen Umgang miteinander – die Aufmerksamkeit, die wir von unserem Pferd erwarten, sollten wir ihm immer auch selbst entgegenbringen.

anspruchsvoll, ihn in seinen Handlungen und Verhaltensweisen zu verstehen – um wie viel differenzierter bei einem Pferd, das einer völlig anderen Spezies angehört. Um hier zu einem Miteinander zu finden, muss der Mensch lernen. Und zwar das, was diese Spezies auszeichnet. Dazu gehört Wissen über die Ethologie des Pferdes: „Wie tickt ein Pferd?" sowie in Bezug auf seine Ausbildung, für die man sich mit der

Anatomie und Biomechanik „Wie funktioniert ein Pferd?" auseinandersetzt. Anfangs ist das einfache Beobachten etwas Wunderbares, das uns schon sehr viel über unser Pferd verraten kann: Wie verhält es sich in seiner Herde? Welche Stelle nimmt es in der Rangordnung ein? Ist es eher mutig und geht auf unbekannte Objekte als erstes zu oder orientiert es sich sehr an seinem Leittier, dem Herdenchef? Ist es schnell beunruhigt oder bleibt es erst einmal gelassen und prüft die Situation in aller Ruhe? Je mehr Zeit Sie sich für die Beobachtung nehmen, desto besser können Sie dieses Wissen klug in Ihren gemeinsamen Alltag integrieren und in den verschiedenen Situationen angemessen reagieren. Einem in der Herde unsicheren Pferd werden Sie mehr Sicherheit geben müssen, bei einem dominanten, starken Tier wird es anspruchsvoller sein, sich als Führungspersönlichkeit zu beweisen. Treten Sie nun aktiv in das Leben des Tieres ein, indem Sie Ihr Pferd führen, putzen, vielleicht longieren oder reiten, lernt Ihr Pferd auch Sie kennen. Je mehr Zeit Sie miteinander verbringen, desto mehr erfahren beide, wie der andere in bestimmten Situationen reagiert. Mit der Zeit werden Sie sich miteinander wohlfühlen, zu gegenseitigem Vertrauen und zu einem Gefühl von Sicherheit finden. *Das* sind die mit wichtigsten Grundlagen für einen erfolgreichen Umgang und jede Art von Pferdesport.

Wichtig ist hierbei, dass wir uns bei all unserem Tun respektvoll verhalten. Mit dem Respekt, den wir auch von unserem Pferd erwarten. Weiter ist es unabdingbar und zeugt ebenfalls von Achtung unserem vierbeinigen Partner gegenüber, dass wir in der Zeit, die wir mit ihm verbringen, unsere Aufmerksamkeit und Konzentration auf das Pferd richten.

Konzentration auf den Moment

Natürlich wünschen wir uns von unserem Pferd, dass es uns gut zuhört und aufmerksam „im Blick hat". Es sollte uns auch im Sattel nicht vergessen, selbst wenn es erschrickt.

Wir erwarten oftmals die vollste Aufmerksamkeit unseres Pferdes – ununterbrochen. Jedoch sollten Sie selbst einmal versuchen, sich einen kompletten Ausritt oder eine ganze Stunde lang in der Reitbahn zu hundert Prozent zu konzentrieren. Ganz schön anspruchsvoll! Versuchen Sie immer, sich in Ihr Pferd hineinzuversetzen! Gewähren Sie ihm Pausen im Halten und lassen Sie es sich am hingegebenen Zügel entspannen. Achten Sie auf das richtige Maß, um sowohl sich als auch das Pferd weder zu über- noch zu unterfordern. Ergänzen Sie den täglichen Umgang immer wieder mit Elementen der Bodenarbeit und motivieren Sie Ihr Pferd durch ein abwechslungsreiches Training. All dies wird Ihnen dabei helfen, den Fokus des Pferdes auf sich zu richten.

Selbstverständlich wird man bei einem schönen Ausritt gemeinsam mit der besten Freundin die Seele auch einmal baumeln lassen. Jedoch sollten Sie, egal wie lange Sie Ihr Pferd schon kennen(!), niemals ihm gegenüber eine gewisse Achtsamkeit und den „Rundumblick" über die Umgebung verlieren. Behalten Sie diesen bei, werden ungewollte Verhaltensweisen wie ein Buckeln oder Zur-Seite-Springen durch Erschrecken für Sie nicht mehr „urplötzlich" und unterwartet sein.

Ihr Handy sollten Sie für einen Notfall, auf lautlos gestellt, bei sich tragen. Verschieben Sie das Beantworten von Nachrichten und Telefonate auf später.

Ihr Pferd hat eine sehr feine Nase und die sprichwörtliche „Zigarette danach" sollte der Zeit nach dem Reiten vorbehalten sein, denn es ist nicht nur eine unfeine Geste, sondern Sie haben einfach nicht alle Hände frei, um in einer plötzlich angespannten Situation angemessen reagieren zu können.

Neben Konzentration und Aufmerksamkeit, die Sie für eine gute Zeit mit Ihrem Pferd brauchen, sollten Sie mental und körperlich ruhig und entspannt sein. Hatten Sie an dem Tag ein unschönes Gespräch mit Ihrem Chef, über welches Sie sich immer noch ärgern oder sind Sie verspannt, weil Sie schlecht geschlafen haben, dann lassen Sie Ihren Ärger vor der Stalltür – und passen Sie Ihren heutigen Plan Ihrem körperlichen und seelischem Zustand an. Sagen Sie Ihrem Pferd lieber nur kurz „Hallo!" und fahren Sie wieder nach Hause. Hier ist der Ausspruch „Morgen ist auch noch ein Tag!" äußerst angemessen.

Ein weiterer Aspekt ist die Zeit, die Ihnen für das Reiten oder den Umgang mit Ihrem Pferd zur Verfügung steht. Unter Hektik und Zeitstress lernt es sich erstens nicht gut, zweitens leiden Konzentration und Aufmerksamkeit darunter. Planen Sie deshalb genug Zeit bei Ihrem Pferd ein. Die Zeitlosigkeit können wir wunderbar von unseren Pferden (wieder) erlernen.

Warum das Pferd ein Spiegel für uns ist

Unsere Gedanken und Gefühle, ob unbewusst oder bewusst, bewirken eine Veränderung in unserem Körper. Unser Herzschlag beschleunigt sich und wir bekommen ein Kribbeln im Bauch, wenn wir uns freuen. Im Gegenteil verspannt sich unsere Muskulatur, wird uns flau im Magen und wir fangen an zu schwitzen, wenn wir uns vor einer Situation fürchten. Unseren Gemütszustand mit all seinen kleinsten Nuancen, die sich in Signalen unseres Körpers bemerkbar machen, nimmt das Pferd mit seiner sensiblen Wahrnehmung auf und reagiert darauf: Es „spiegelt" uns. Wie fein seine Sinne sind, beschreibt Marlitt Wendt eindrucksvoll in *Jeder Gedanke ist eine Kraft* von Nicole Künzel: *„Sozial lebenden Tieren ist es angeboren, auf die Gefühlswelt der anderen Herdenmitglieder, der Beutegreifer oder der andersartigen Freunde*

„Das Pferd ist dein Spiegel. Es schmeichelt dir nie. Es spiegelt dein Temperament. Es spiegelt auch deine Schwankungen. Ärgere dich nie über ein Pferd; du könntest dich eben sowohl über deinen Spiegel ärgern."

Rudolf G. Binding: *Reitvorschrift für eine Geliebte.*

„Spieglein, Spieglein ..." – wir können viel von unserem Pferd lernen, wenn wir ihm auf Augenhöhe begegnen und stets ein gesundes Maß an Selbstreflexion üben.

zu achten. Die gefühlsbedingten Veränderungen helfen dem Pferd dabei, die Absichten des Gegenübers einschätzen zu können, Beziehungen aufzubauen und Konflikte schon frühzeitig zu erkennen und zu vermeiden. Dabei können wir es uns oft kaum vorstellen, wie empfindlich die Sinnesorgane der Pferde gestaltet sind. Sie reagieren buchstäblich auf Schwingungen und Energien, die unterhalb unserer Aufmerksamkeitsschwelle liegen und können daher schon kleinste Veränderungen in unserer Körpersprache wahrnehmen. In

wissenschaftlichen Studien konnte diese ungeheure Leistungsfähigkeit ihres Wahrnehmungsvermögens bestätigt werden: Pferde können schon räumliche Verschiebungen von unter einem Millimeter Ausschlag als Unterschied deutlich erkennen, also beispielsweise minimale mimische Nuancen. Für sie ist schon die pure Andeutung eines Wimpernschlages des Menschen ein deutliches Signal, welches eine Bedeutung haben kann."

So wird Ihr Pferd beispielsweise, wenn Sie guter Stimmung sind, gerne zu Ihnen kommen, um gemeinsam etwas zu erleben oder es spürt sofort, wenn etwas bei Ihnen „nicht stimmt". In diesem Fall reagiert es schreckhafter als sonst, wirkt unruhiger, kann nicht stehenbleiben oder möchte die Führung übernehmen, da es fühlt, dass Sie heute kein souveräner Partner sind. Um die Zeit mit unserem Pferd und das, was wir uns von ihm wünschen, erfolgreich zu meistern, müssen wir uns zunächst einmal bewusst machen, was unsere Gedanken und Gefühle und demzufolge auch unsere Körperhaltung und innere Ausrichtung dem Pferd signalisieren. Es gilt hierbei, diese Elemente der Kommunikation immer wieder durch Selbstreflexion und Hilfestellung von außen zu optimieren.

Ihre Gedanken, Gefühle und Ihre Körpersprache sollten kongruent sein, wenn Sie sich nach außen authentisch präsentieren möchten. Ein Pferd ist in der Lage, „hinter die Fassade" zu sehen und in uns zu lesen wie in einem offenen Buch. Für ein Fluchttier ist es überlebensnotwendig, jede kleinste Regung seines Gegenübers oder anderer Herdenmitglieder sekundenschnell zu erfassen – um bei Gefahr sofort flüchten zu können.

Überlegen Sie doch einmal, welchem Chef Sie sich gerne anschließen würden: Was macht für Sie eine gute Führungspersönlichkeit aus? Unbewusst werden Sie sich einem in sich ruhenden, Vertrauen und positive Stärke ausstrahlenden Menschen gern anschließen – und Sie werden dies an seiner aufrechten, gut fokussierten Körperhaltung erkennen. Er – oder sie – wirkt entspannt, ohne nachlässig zu sein, strahlt Ruhe und Gelassenheit, jedoch auch Klarheit aus. Haben sich Entscheidungen einer Führungspersönlichkeit

Embodiment – Wechselwirkung zwischen Körper und Psyche

Ein Text von Dr. Gaby Bußmann

Embodiment ist ein englischer Begriff, der übersetzt in etwa „Körperlichkeit" oder „Verkörperung" bedeutet. Embodiment berücksichtigt die Tatsache, dass unsere Psyche stets in unserem Körper eingebettet ist und nicht losgelöst von diesem betrachtet werden kann.

Folgende Situation: Ich sitze mit Freunden im Kino und der spannende Film nähert sich seinem Höhepunkt. Ich bemerke, wie mein Herz beginnt schneller zu schlagen und meine Handflächen leicht feucht werden, obwohl ich eigentlich ruhig in meinem Kinosessel sitze.

Diese Situation ist ein Beispiel dafür, wie sich unsere psychischen Zustände in unseren Körperempfindungen widerspiegeln. Die Wirkung unserer Gedanken und Gefühle auf unseren Körper zeigt sich in vielen verschiedenen Situationen und den meisten von uns fallen Situationen ein, in denen sich ein Gemütszustand auch in einer Körperempfindung zeigt. Die körperliche Reaktion, der körperliche Gefühlsausdruck, das körperliche Verhalten sind Resultate von psychischen Pro-

Dr. Gaby Bußmann ist promovierte Diplom-Psycholo-gin, Psychologische Psychotherapeutin und Sport-psychologin. Als Sportlerin selbst sehr erfolgreich, sie gewann in der 4x400 m Staffel die Bronzemedaille bei den Olympischen Spielen 1984 in Los Angeles, war 2fache Junioren-Europameisterin und Vize-Euro-pameisterin in der 4x400 m Staffel, betreut sie heute Leistungssportler aus den unterschiedlichsten Sport-arten wie Leichtathletik, Schwimmen und Reiten. So betreute sie die Reitnationalmannschaft bei zahlrei-chen Europameisterschaften, den Weltreiterspielen 2006, 2010 und 2014 und bei den Olympischen Spielen 2008 und 2012.

zessen. Doch es ist nicht nur so, dass sich unsere psychischen Zustände in unserem Körper ausdrücken, die Wirkung geht auch in die entgegengesetzte Richtung: Unsere Körperzustände beeinflussen unsere psychi-schen Zustände. Oft geschieht diese Beein-flussung unbewusst und wird von uns gar nicht bemerkt.

Embodiment nutzen

Gerade bei zurückliegendem Misserfolg oder bei Zweifeln über die eigene Leistung kann es zu einem Teufelskreis aus negati-ven Gedanken („Ich bin nicht gut genug, ich werde versagen") und einer negativen Kör-perhaltung (Schultern hängen lassen, Kopf nach unten gerichtet) kommen. Dabei führt die negative Körperhaltung ihrerseits wieder zu negativen Gedanken.

Ziel beim Embodiment ist es, diese Ver-bindung von Körperhaltung und Gedanken zu nutzen, in dem man die Reihenfolge um-kehrt. Man lässt nicht den Gemütszustand auf den Körper wirken, sondern beeinflusst gezielt über seinen Körper eigene Gedanken und Gefühle. Die Information vom Körper geht auf direktem Wege ins Gehirn und so nehme ich über meinen Körper Einfluss auf meine Gefühle und Gedanken. Um positiv und zielgerichtet zu sein, ist es sinnvoll, be-wusst auch eine entsprechende Körperhal-tung einzunehmen. Verstärkt wird der Effekt noch, wenn es mit einem positiven Motto einhergeht, zum Beispiel: „Ich werde heute mein Bestes geben!"

als für Sie richtig erwiesen, vertrauen Sie dieser auch in Zukunft gerne. Ein respektvolles, im Umgangston freundliches Miteinander sowie ein gewisses Maß an Empathie wirken sich auf Ihr Wohlbefinden und auch auf die Qualität Ihrer Arbeit aus. Sie fühlen sich sicher und fair behandelt. So ein Chef wäre wunderbar – oder? Könnte Ihr Pferd sprechen, würde es seine Wünsche vermutlich ähnlich formulieren, jedoch mit dem Unterschied, dass Pferde nicht so reflektiert denken wie wir sondern instinktgesteuert sind. Dieser Instinkt ist dafür verantwortlich, das Überleben zu sichern. Während Sie sehr wohl unter einem cholerischen, übellaunigen Chef arbeiten

können – wenngleich es Ihnen sicher nicht gut tun wird – muss ein Pferd aus Überlebenstrieb solche Leittiere oder „Leitmenschen" meiden. Ihr Pferd wünscht sich also nicht nur einen Menschen an seiner Seite mit einem guten inneren und äußeren Gleichgewicht, sondern es braucht ihn in seinen Augen überlebensnotwendig – oder es sucht sich eine andere Führungspersönlichkeit – sei es Pferd oder Mensch.

Das Reiten lernen sowie das Verstehen der Verhaltensweisen des Pferdes ist ein Prozess, der viele Jahre in Anspruch nimmt. Um ihm ein guter und verlässlicher Partner zu werden, braucht es Zeit, Durchhaltevermögen, Disziplin, die Be-

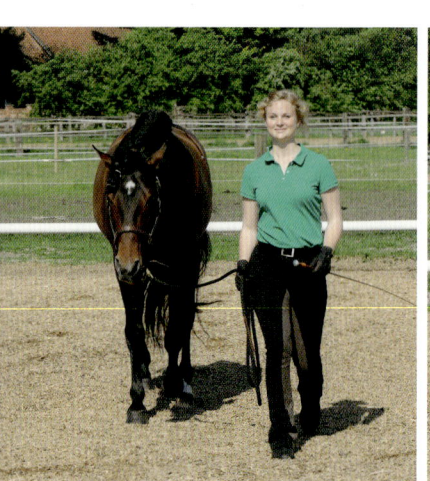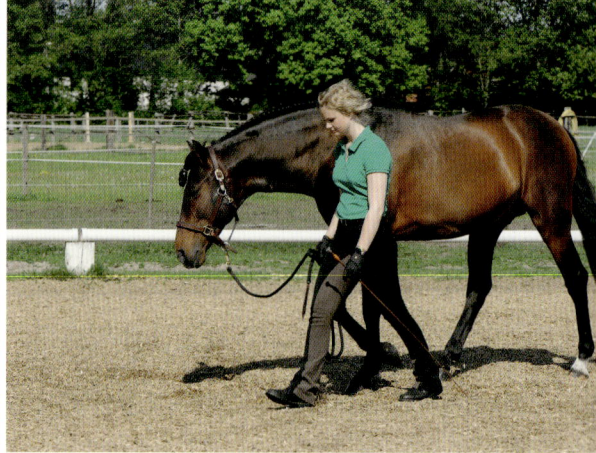

Pferde sind feine Beobachter – sie nehmen mit ihren sensiblen Sinnen schon kleinste Veränderungen in unserer Körperhaltung wahr.

Verknüpfen Pferde etwas Positives mit dem Menschen, freuen Sie sich jeden Tag aufs Neue ihn zu sehen.

reitschaft zur Selbstreflexion, die Fähigkeit zur Selbstkritik und das Annehmen richtungsweisender Kritik von außen. Dann können Sie gemeinsam an und mit Ihren Aufgaben wachsen. Sie werden lernen, sich in ein anderes Lebewesen hineinzufühlen und sich immer wieder selbst zu überprüfen, ob das, was Sie von Ihrem Gegenüber, Ihrem Pferd, erwarten, auch für dieses in Ordnung ist oder ob Sie eigentlich nur Ihr „eigenes Ding" durchdrücken möchten.

Körperlich können Sie neben einer grundsätzlichen Fitness auch Koordination, Körperbewusstsein, Gleichgewichtssinn, Gefühl sowie das Timing in Bezug auf die Dosierung und den Zeitpunkt Ihrer Hilfengebung trainieren.

Mit Klarheit, Mut und einer großen Portion Humor werden Sie es schaffen, eine für sich und Ihr Pferd passende Richtung einzuschlagen und entspannt Ihren roten Faden beizubehalten. All dies zeichnet einen Menschen aus, der mit seinem Pferd gefahrlos durch dick und dünn zu gehen vermag.

Mit Respekt! Der erste Kontakt mit dem Pferd

Jeden Tag neu legt der erste Kontakt mit Ihrem Pferd den Grundstein für die Gestaltung Ihrer gemeinsamen Zeit. Bedenken Sie, dass schon mit dem Betreten des Paddocks, der Weide oder der Box und beim Führen eine Kommunikation beginnt. Nutzen Sie diese Momente, um zu erkennen, wie es Ihrem Pferd heute geht und in welcher Stimmung es sich befindet. Weiter ist diese erste Begegnung auch immer ein großes Indiz dafür, wie die Beziehung zwischen Pferd und Mensch wirklich ist. Sie zeigt ganz offensichtlich den Stand der Dinge, denn ein Pferd, das schnurstracks davonläuft oder sich in der Box postwendend wegdreht, wenn es das Halfter nur sieht, wird wohl kaum eine gute Erfahrung mit der ihm bevorstehenden Zeit verknüpfen und auch wenig bereit sein, sich dem Kommenden positiv zu nähern. So hart es klingen mag, so ehrlich ist das Feedback des Pferdes und umso mehr müssen wir an uns arbeiten. Seien wir ehrlich und nehmen wir unsere Einstellung oder unser Training streng unter die Lupe – und seien wir bereit, dieses gegebenenfalls zu optimieren. Die Freude Ihres vierbeinigen Partners, wenn Sie jeden Tag neu in sein Leben treten, sollte Ihnen ein Herzensbedürfnis sein. Leider ist eine weit verbreitete Realität das Gegenteil: Das Pferd nimmt Reißaus, so wie es des Menschen ansichtig wird. Das muss nicht sein und Sie können es besser machen: Betreten Sie zunächst einmal den Raum Ihres Pferdes mit Achtsamkeit und Respekt. Dies ist sehr viel höflicher, als mit dem Halfter in die Box zu stürmen, sein Pferd zu schnappen und es hinter sich her zum Putzplatz zu ziehen. Laufen Sie in keinem Fall einem weglaufenden Pferd hinterher und drängen Sie es nicht in eine Ecke, denn damit nehmen Sie ihm die Fluchtmöglichkeit und unkalkulierbare Abwehrreaktionen können die Folge sein. Warten Sie ab. Verlassen Sie Ihre Raubtiereinstellung – und werden Sie indirekt. Begrüßen Sie Ihr Pferd mit einer freundlichen Stimme, wenn Sie sich ihm nähern. Gehen Sie nicht direkt auf das Tier zu, sondern eher in kleinen zufälligen Schritten oder Schlangenlinien, wenn es nicht zu Ihnen kommen mag. Machen Sie ihm in Gedanken ein Angebot, laden Sie es ein, zu sich zu kommen und geben Sie ihm Raum – auch in Ihren Gedanken, sich frei zu entscheiden. Wenn Sie all dies fühlen – dann strahlen Sie es für das Pferd spürbar aus und es wird sich Ihnen ganz freiwillig zuwenden und neugierig diesen neuen positiv gestimmten Kameraden begutachten wollen. Ansonsten gehen Sie

„In einer Begegnung gibt es immer zwei Persönlichkeiten, zwei Erfahrungshorizonte, die aufeinander stoßen, sich gegenseitig abtasten und schrittweise versuchen, zueinander zu finden.“

Magali Delgado & Frédéric Pignon:
Die Kraft der Verbindung.

Verbringen Sie Zeit mit Ihrem Pferd – ohne Leistungsgedanken und genießen Sie es, einfach einmal nur „gemeinsam zu sein".

in einem großen (!) Bogen auf die Hinterhand zu und sagen Sie dabei den Namen Ihres Pferdes oder schnalzen Sie ein wenig. Blickt es auf: Gut! In diesem Fall entspannen Sie sich deutlich, atmen tief aus und geben dem Pferd vermehrt Raum, indem Sie ein wenig zurückgehen oder sich sogar umdrehen und einfach abwarten. Frisst es wieder: Nicht schlimm! Wiederholen Sie diese Übung so lange, bis Ihr Pferd auf Sie zukommt. Achten Sie jedoch darauf, der Hinterhand nicht zu nahe zu kommen, um bei einer Abwehrreaktion nicht verletzt zu werden.

Warten Sie auf ein Entgegenkommen Ihres Pferdes. Kommt es zu Ihnen, berühren Sie es nicht direkt im Gesicht, sondern halten Sie ihm zunächst die ausgestreckte Hand entgegen, sodass es Ihren Geruch aufnehmen kann. Bewegen Sie sich dann auf Höhe des Widerristes und hat es eine besondere Lieblingsstelle, kraulen Sie dort zur Begrüßung. Achten Sie dabei auf ruhige, fließende und sichere Bewegungen.

Eine gute Kommunikation

Grundlage für eine sichere und harmonische Kommunikation mit dem Pferd ist eine gemeinsame „Sprache". Das Pferd lernt, die Signale des Menschen, die er durch seinen Körper, seine Haltung oder Bewegungen, seine Stimme und verschiedene Hilfsmittel gibt, richtig zu deuten.

Assoziiert das Pferd die gemeinsame Zeit mit Freude, erlebt es den Menschen als durchschaubaren, verlässlichen Partner und erweisen wir uns in seinen Augen in der Lage, es sicher durch die Welt zu begleiten, dann wird es voller Motivation sein, diese mit uns zu entdecken.

Eine wirkliche Kommunikation zwischen zwei Lebewesen beginnt in dem Moment des gegenseitigen Zuhörens. Dazu gehört erst einmal das Annehmen der Persönlichkeit seines Gegenübers, wie sie ist.

Ohne Bewertung, ob einem diese nun sympathisch oder vielleicht auch weniger sympathisch ist. Im nächsten Schritt wird man versuchen, das Denken, Fühlen und Handeln des Gesprächspartners wirklich *verstehen* zu wollen. Hieraus kann in Folge – ein Interesse seinerseits vorausgesetzt – ein Dialog entstehen. Eine Kommunikation, die ein Stück weit in die Welt des anderen einlädt und die Bereitschaft signalisiert, diese für eine mehr oder weniger lange Zeitspanne zu teilen. Je nachdem, was die Gesprächspartner bewegt, kann diese

Konversation an einem Tag unverfänglich und „leicht" und an einem anderen unter Umständen sehr intensiv und tiefgründig sein. Nicht immer gelingt es auf Anhieb, sein Gegenüber richtig zu verstehen oder gar unmittelbar einen Konsens zu finden. Das ist zwischen Menschen so – und auch zwischen unserem Pferd und uns.

Das ABC im Umgang mit dem Pferd

Aber wie sieht sie denn nun aus – diese „gemeinsame Sprache"? Was bedeutet der Begriff der Körpersprache im Umgang mit dem Pferd und wieso können Pferde unsere ureigensten und innersten Gefühle „hören"? Zwischen Pferd und Mensch gibt es viele Unterschiede in ihrer Kommunikation. Das Fluchttier Pferd verständigt sich

„Ein Geheimnis mit allen Menschen [Pferden, Anm. d. Verf.] in Frieden zu leben, besteht in der Kunst, jeden [jedes, Anm. d. Verf.] seiner Individualität nach zu verstehen."

Friedrich Ludwig Jahn

vor allem lautlos durch kleinste körperliche Signale. Würden Pferde untereinander in freier Wildbahn laut kommunizieren, würden sie die Aufmerksamkeit von Raubtieren auf sich lenken. Man kann davon ausgehen, dass dies auch der Grund ist, weshalb Pferde keinen Schmerzlaut kennen. Bei einem Pferd, das durch Geräusche anzeigt, dass es krank oder verletzt ist, hätte jedes Raubtier leichtes Spiel. Der Mensch gehört seiner Art nach zu den „Raubtieren" und kommuniziert nicht lautlos, sondern überwiegend verbal.

Die Signale, die wir durch unsere Bewegungen oder auch unsere Sprache aussenden, gerade wenn wir Ängste, Hilflosigkeit oder Aggression im Umgang mit dem Pferd verspüren, sind meist „laut", offensiv und eher „angreifend".

Unsere Körpersprache drückt häufig unbewusst eher unsere innere Haltung sowie unsere Gefühle aus und kann im Gegensatz zu dem gesagten Wort stehen.

Betreten wir den Raum des Pferdes, so entgeht ihm keine noch so winzige Regung unsererseits. Es registriert durch seine feine Beobachtungsgabe jede minimale Veränderung in der Gestik, der Mimik, der Stimmungslage oder in den körperlichen Reaktionen seines Menschen. Somit gilt es, den eigenen Körper und die Körperspannung bewusst einzusetzen und seine eigenen Emotionen zu kontrollieren.

Hierbei dienen das uns angeeignete Wissen über die Ethologie des Pferdes und seine Reaktion auf unser „richtiges" Verhalten als Grundvoraussetzungen für den Umgang mit einem uns körperlich so überlegenen Tier.

Auch sind gewisse Grundregeln der Kommunikation, die reitweisenübergreifend gelten, für ein sicheres Miteinander unerlässlich und sollen in den folgenden Kapiteln näher beschrieben werden. Ziel dieser Übungen ist nicht(!), das Pferd zu unterwerfen, sondern eine Kommunikationsbasis aufzubauen, die Sie, Ihr Umfeld und das Pferd vor Gefahren schützen kann. Rufen Sie sich bei allen vorgeschlagenen Übungen stets ins Gedächtnis, warum Sie diese überhaupt mit dem Pferd gemeinsam erarbeiten. So ist das punktgenaue Anhalten des Pferdes auf Ihren Wunsch hin unabdingbar, wenn Sie beispielsweise eine Straße überqueren möchten. Zudem vereinfachen gewisse Regeln das tägliche Miteinander. Möchten Sie mit Ihrer Heukarre zur Heuraufe auf dem Paddock, sollte Ihr Pferd Sie respektvoll vorbeilassen und Sie weder umrennen, um an das Heu zu gelangen noch einfach stehenbleiben und Sie dadurch „zwingen", durch eine tiefe Pfütze zu fahren. Auch das Füttern in der Box sollte, für all diejenigen, die mit dem Pferd umgehen, selbstverständlich ohne Drohgebärden wie Ohren anlegen oder

INFO

Auf ein Wort!

Obwohl es der Natur der Pferde nicht entspricht, können sie lernen, unterschiedliche Stimmsignale mit einer Anforderung durch uns zu verknüpfen und die gewünschte Reaktion zu zeigen.

Dies ermöglicht es uns beispielsweise, sie bei ihrem Namen zu rufen, sie über ein Lobwort „Guuuut!" zu motivieren oder bestimmte Gangarten wie „Scheeeeritt" und Übungen mit einem Signalwort wie „Kompliment!" zu belegen. Um das Pferd nicht zu verwirren, sollten die ausgewählten Worte auch nur dafür verwendet werden, wofür Sie konditioniert wurden! In jedem unserer Worte schwingt zudem immer eine Emotion mit, die der Körper ebenfalls ausdrückt. Ein dahingesagtes „gut", bei dem Sie eigentlich denken: „Der lernt es nie!", wird Ihr Pferd nicht als Lob wahrnehmen, sondern eher erkennen, was Ihre eigentliche Intension ist. Fühlen Sie sich hingegen glücklich und möchten am liebsten die ganze Welt umarmen, weil Ihr Pferd zum ersten Mal das Kompliment ausgeführt hat, spürt Ihr Pferd Ihre innere Freude und versteht diese als positives Feedback.

Streichen Sie Ihr Pferd immer wieder mit der Gerte mit dem Fellstrich ab, dies wirkt vertrauens-
fördernd und entspannend.

gar schnappen seitens des Pferdes möglich sein. Natürlich gestaltet sich das Putzen ebenfalls als viel angenehmer, wenn Ihr Pferd ganz leicht von der einen Seite zur anderen zu dirigieren ist.

Wichtig ist, dass alle Menschen, welche sich in irgendeiner Form mit Ihrem Pferd beschäftigen, die gleichen Wörter, Hilfen und Signale verwenden wie Sie und dass alle die einmal aufgestellten Regeln einhalten. Bedenken Sie, dass ein Pferd ununterbrochen lernt – in jeder Sekunde, in jedem Moment und das sollte möglichst immer in eine von uns gewünschte Richtung gehen. Klarheit und eine gemeinsame Linie aller Beteiligten sind zwei der Grundlagen für einen sicheren Umgang mit dem Pferd.

Die folgenden Übungen sollen Spaß und Mut machen, einen harmonischen gemeinsamen Weg zu beschreiten, der auf Vertrauen und Verständnis basiert. Versteht Ihr Pferd Sie, wird es auf die leisesten Zeichen hin reagieren und gerne bei Ihnen sein.

Zudem wirken sich viele Übungsaspekte auch auf der reiterlichen Ebene positiv aus. Sie können Ihr Pferd vom Boden aus sicherer in seinen Reaktionen auf die Umwelt beobachten beispielsweise bei einer Begegnung mit einem Traktor auf einem Spaziergang.

Auch die Hilfen, wie unter anderem die seitwärtstreibende Schenkelhilfe und die diese unterstützenden Ausrüstungsgegenstände wie die Gerte, lassen sich einem jungen Pferd gut an der Hand erklären: „Schau, wenn ich hier drücke, soll deine Hinterhand weichen." oder „Wenn ich dich mit der Gerte leicht berühre, geh bitte etwas mehr vorwärts." In all dem, was

Sie sich von Ihrem Pferd wünschen, sollten Sie bedenken, dass das Pferd natürlicherweise *nicht wissen kann*, was Sie ihm mit Ihren Signalen vermitteln möchten. Wir sind nun einmal kein Pferd mit all den Nuancen der Pferdesprache, wie einem flinken Ohrenspiel, einem schlagenden Schweif oder drohenden Hinterbein und kommunizieren beispielsweise auch nicht über ein Wiehern – deshalb gilt stets, je besser Sie(!) dem Pferd (vom Boden aus) erklärt haben, was Sie von ihm möchten und je besser Sie(!) verstehen, warum ein Pferd in den unterschiedlichsten Situationen so oder so reagiert, desto sicherer und erfolgreicher werden Sie Ihre gemeinsame Zeit verbringen und desto mehr Freude werden Sie in dieser aneinander haben.

Halten Sie zudem in Situationen inne, in denen etwas nicht klappt und ersetzen Sie den vielleicht aufkeimenden Gedanken: „Der macht das absichtlich, der will mich ärgern!" durch „Mmh, Honigmond versteht mich jetzt wohl nicht – was kann ich tun, um ihm besser zu erklären, was ich mir von ihm wünsche?".

Gewalt gegenüber einem Pferd zeugt in den meisten Fällen von Ratlosigkeit oder Angst, die Situation nicht wieder in die gewünschte und sichere Richtung lenken zu können.

Seien Sie immer bestrebt, ein guter *Horseman*, ein fairer Partner für Ihr Pferd zu sein, der seinen Intellekt dafür nutzt, eine Kommunikation auf Augenhöhe entstehen zu lassen. Ihr Pferd wird es Ihnen durch sein Vertrauen danken!

Das Aufhalftern

Das Aufhalftern ist oftmals das erste, das Sie von Ihrem Pferd möchten, beziehungsweise mit ihm tun, nachdem Sie es begrüßt haben. Es ist also der gemeinsame Beginn für diesen Tag und Sie sollten es daher mit großer Sorgfalt und Achtsamkeit gegenüber Ihrem Pferd ausführen.

Nachdem Ihr Pferd zu Ihnen, ob in der Box, auf dem Paddock oder auf der

Achten Sie beim Aufhalftern darauf, dass Ihr Pferd Ihnen seinen Kopf-Hals-Bereich zuwendet und diesen etwas absenkt.

Wiese gekommen ist und Sie sich freundlich begrüßt haben, animieren Sie es, Ihnen seinen Kopf-Hals-Bereich zum Aufhalftern zuzuwenden. Hierfür stehen Sie auf der linken Seite des Pferdes, greifen vorsichtig mit der rechten Hand unter seinem Kopf hindurch und führen diesen zu sich oder Sie legen einen Strick über seinen Hals, um ihm die Idee zu vermitteln, die Sie erwarten: Dass es Ihnen den Kopf zuwendet.

Sie können es zusätzlich freundlich mit seinem Namen ansprechen. Legen Sie ihm nun sanft die Hand auf das Genick, um es zum Kopfabsenken einzuladen. Hiernach führen Sie die Pferdenase vorsichtig ins Halfter und ziehen dieses langsam über seine Ohren. Gehen Sie auf eine solche Art und Weise beim Halftern vor, können Sie die Aufmerksamkeit Ihres Pferdes besser auf sich lenken. Gerade auf der Weide verhindern Sie dadurch, dass das Pferd sich einfach nach außen von Ihnen abwendet und gegebenenfalls fröhlich bockend davonläuft und Sie bei einem eventuellen Ausschlagen trifft.

Achten Sie beim Schließen des Halfters darauf, dass die runde Seite des Verschlusses auf der Ganasche zum Liegen kommt und keinesfalls die spitze Seite des Verschlusses. Halftern Sie Ihr Pferd bitte nicht frontal von vorne auf, denken Sie an den toten Winkel!

Das Anbinden

Ist ein Pferd angebunden, kann es seinem angeborenen Fluchtinstinkt nicht nachkommen. In einer (vermeintlichen) Gefahrensituation gerät es dann schnell in Panik und es besteht ein erhöhtes Verletzungsrisiko für das Pferd selbst oder andere. Meist hat der Mensch in diesen Bruchteilen von Sekunden nur wenig Möglichkeiten, um dem entgegen zu wirken. Allein ein vorausschauendes Handeln sowie das genaue Beobachten des Pferdes ermöglichen ein rechtzeitiges Eingreifen, um solch gefährliche Situationen zu verhindern.

Bemerken Sie Anzeichen von Angst bei Ihrem Pferd, was sich durch ein nervöses Ohrenspiel, unruhiges Hin- und Hergehen oder weit geöffnete Augen zeigt, sollten Sie handeln und gegebenenfalls den Strick lösen, um ein panikartiges Ziehen oder Losreißen zu verhindern. Wichtig ist auch, dass das Pferd in Ruhe bei der Bodenarbeit (siehe die „Ich-folge-dem-Zug-Übung") gelernt hat, wie es sich angebunden verhalten sollte. Zieht es am Strick – wird der Druck nur immer stärker – tritt es einen Schritt nach vorn, lässt der Druck nach.

Dies ist eine Möglichkeit, Verletzungen durch panikartiges Zurückwerfen des Kopfes oder des ganzen Körpers und ein Reißen des Halfters oder Strickes, das bis

Sicherheitsknoten und Panik-
haken sollten sich in Notsitua-
tionen schnell mit einem Griff
öffnen lassen. Zum Anbinden
wird der Strick zunächst durch
den Anbindering geführt.

Nun formen Sie mit dem losen Strickende eine Schlaufe.
Achten Sie unbedingt darauf,
niemals(!) einen Finger in eine
der Schlaufen zu stecken!

Bilden Sie mit dem losen
Strickende nun eine weitere
Schlaufe und führen Sie diese
von hinten nach vorne durch die
erste. Dies wiederholen Sie in
gleicher Art und Weise einige
Male. Zum Losbinden ziehen
Sie einfach am Strickende.

zu einem Überschlagen des Pferdes führen
kann, zu verhindern.

Im Bereich der Nüstern und etwa eineinhalb Meter davor sowie direkt hinter
dem Pferd befindet sich der sogenannte
Tote Winkel, innerhalb dessen ein Pferd
mit erhobenem Kopf nichts sehen kann.
Bedenken Sie dies, wenn Sie sich um das
Pferd herum bewegen. Treten Sie beispielsweise immer schräg seitlich von vorne an
das Pferd heran und sprechen Sie es an,
damit es weiß, wo Sie sich befinden. Vermeiden Sie hektische oder schnelle Bewegungen, diese mögen Pferde auch beim
Putzen nicht. Bewegen Sie sich stattdessen
weich und fließend. Achten Sie auf ein sicheres, souveränes Auftreten.

Binden Sie Ihr Pferd immer mit einem korrekt verschnallten Halfter an, verwenden
Sie hierzu niemals ein Seilhalfter, welches
in Gefahrenmomenten nicht reißt und Ihr
Pferd schwer verletzen kann. Auch das Anbinden an den Trensenringen, der Trense
oder den Zügeln sollte selbstverständlich
absolut tabu sein.

Bereiten Sie für das Pferd ungewohnte
oder neue Situationen wie das Auflegen
einer Decke, das Einsprühen mit Fliegen-
oder Desinfektionsspray oder das Absprit-
zen mit Wasser zunächst unangebunden
vor. Sie können dabei entweder selbst den
Strick halten oder einen Helfer bitten, Ihr
Pferd festzuhalten. Versuchen Sie immer,
das für das Tier Unangenehme möglichst

Sicherheitsknoten einmal anders

Petra Blissenbach ist Berufsreiterin FN und Leiterin des Reitbetriebes Fichtenhof in Bielefeld.

Seitdem ich als Ausbilderin mit Pferden umgehe, kenne ich diesen Knoten, um die Pferde anzubinden. Der große Vorteil: zu keiner Zeit steckt ein Finger in einer Schlaufe. Dadurch ist die Gefahr, dass während des Anbindens ein Finger abgetrennt werden kann, weil das Pferd während des Anbindevorgangs plötzlich zurückzieht, nicht gegeben.

Abgetrennte Finger sind leider auch in den Schadensberichten der Uelzener Versicherungen durchaus Realität. Ich gebe diese Art den Knoten zu binden an meine Reitschüler weiter und mir selber hat der Umgang mit Korrekturpferden schon häufig bewiesen, wie wichtig es ist, auch diese vermeintlichen Kleinigkeiten zu beachten.

so lange beizubehalten, bis es winzigste Anzeichen von Entspannung oder Akzeptanz zeigt. Dann loben Sie sofort und entfernen zum Beispiel die Decke. Hat ein Pferd einmal verstanden, dass der unangenehme Reiz aufhört, wenn es beginnt, ihn anzunehmen, wird es in Zukunft weit weniger

Fluchtgedanken hegen und das Risiko eines Unfalls lässt sich durch eine solche Konditionierung signifikant reduzieren.

Für die ersten Anbindeübungen beispielsweise bei einem jungen oder unerfahrenen Pferd, hilft auch das einfache Durchführen des Strickes durch den An-

Hanna geht hier ganz dicht um die Hinterhand ihres Ponys herum. Sie legt dabei die Hand auf seine Kruppe und spricht mit ihm. So lernt Monopoly, ihr seine volle Aufmerksamkeit zu schenken: „Ah, da bist du!"

bindering ohne es anzubinden. So können Sie eine gewisse Hebelfunktion nutzen, um Ihr Pferd an das Angebunden sein zu gewöhnen. Wichtig ist, dass das Pferd nicht lernt, dass es sich losreißen kann.

Eine gute Übung, um das Muster des Zurückspringens zu unterbrechen ist auch die „Ich-folge-dem-Zug-Übung". Ihr Pferd soll dabei lernen, dem Zug des Strickes zu folgen, was ihm von Natur aus widerstrebt, da es eher mit einem Gegenzug antworten würde. Positionieren Sie sich in einigem Abstand vor Ihrem Pferd und „streichen" Sie nun mit Ihren Händen von vorne nach hinten langsam abwechselnd den Strick entlang, schließen Sie zunächst nur zwei

Finger, dann drei, dann die ganze Hand und warten Sie darauf, dass Ihr Pferd auf Sie zukommt. Lehnen Sie sich hierbei nicht nach hinten, sondern bewahren Sie einen geraden, sicheren Stand mit leicht gewinkelten, hüftbreit auseinanderstehenden Beinen. In dem Moment, in dem Ihr Pferd nun auf Sie zugeht, entspannen Sie den Strick sofort(!) und loben Sie es. Ist diese Übung gut abgesichert, wird Ihr Pferd in Schrecksituationen schneller eine Lösung finden. Dann wird es nicht mehr panisch versuchen, sich loszureißen mit dem Gedanken: „Hilfe, bloß weg von hier!", sondern eher registrieren: „Oh Schreck, da ist der Druck des Halfters auf meinem

Putzen ist Beziehungspflege: Welches ist die Lieblingskraulstelle Ihres Pferdes?

Genick ... schnell einen Schritt vor, denn dann lässt der Druck nach." Es wird sich dann auch sehr rasch wieder beruhigen. Ein Pferd denkt vermutlich nicht in diesen Worten – aber das Verhaltensmuster wird auf diese Art herausgebildet und sorgt für deutlich mehr Sicherheit für Pferd und Mensch.

Achten Sie darauf, dass Sie das ruhige Stillstehen nicht nur am Anbindeplatz üben, sondern in den unterschiedlichsten Situationen wie beim Aufsteigen, bei Ihren gemeinsamen Führübungen oder vor dem Hereinbringen in die Weide. Lassen Sie Ihr Pferd öfter einmal eine längere Zeitspanne neben sich ruhig und entspannt stehen. Leben Sie ihm diese Ruhe vor – Sie haben alle Zeit der Welt. Ihre innere und äußere Gelassenheit wird sich auch auf Ihren vierbeinigen Partner übertragen.

Eine Wohlfühlmassage gefällig? Putzen ganz individuell, aber sicher!

Sprechen wir im Folgenden vom Putzen des Pferdes, ist keinesfalls nur sein Säubern vor dem Reiten gemeint. Putzen kann neben der Reinigung, um es unter anderem vor Scheuerstellen im Trensen- und Sattelbereich zu bewahren oder ihm im Fellwechsel beim Verlieren des Winterpelzes behilflich zu sein, vor allem eines: Beziehungspflege. Beobachten Sie Pferde in der Herde, werden Sie immer wieder Pferdefreunde bei der Fellpflege entdecken können. Sie zeigen sich dabei unter anderem gegenseitig die Stellen, die besonders jucken oder an die sie selbst nur schwer herankommen.

Statt jedes Pferd immer auf die gleiche Art „durchzuschrubben", beobachten Sie genau, womit, an welchen Stellen und in welcher Intensität Ihr Pferd geputzt werden möchte oder wo weniger. So wird die gegenseitige Vertrauensbasis gefördert, Sie beide genießen die gemeinsame Zeit und Sie selbst können schon beim Putzen herausfinden, wie die Stimmung ist und den augenfälligen Gesundheitszustand überprüfen. Gibt es kleinere Verletzungen? Wie fühlt sich das Fell Ihres Pferdes und seine Muskulatur an – ist sie ganz entspannt oder gar angespannt? Wie ist sein Ohrenspiel? Stellt es ein Hinterbein zum Dösen auf? Zudem können Sie während des Putzens weitere grundlegende Elemente der Kommunikation wie das Weichen der Hinterhand festigen, denn diese lassen sich ganz spielerisch in den Putzprozess integrieren.

Eine gute Führkultur

Ein Pferd zu führen bedeutet viel mehr als irgendwie von A nach B zu gelangen. Führen bedeutet Kommunikation. Es beinhaltet, dass derjenige, der führt und jener, der geführt wird, bestimmte Regeln einhalten, damit sich beide in ihrer Rolle wohlfühlen können. Jedes(!) Führen ist demnach immer ein Schritt weiter auf dem gemeinsamen Weg. Wir sollten diesem daher unsere volle Aufmerksamkeit schenken und einmal festgelegte Regeln

Warum nicht einmal selbst zu Fuß mit dem Pferd die Gegend erkunden? So erleichtern Sie einem jungen Pferd die ersten Schritte im Gelände. Sie können dabei auch neben einem erfahrenen Reitpferd führen, dieses gibt noch mehr Sicherheit.

Beim Führtraining (hier Wendungen) kommt es auf eine präzise Signalgebung an.

Führtraining

Ein Text von Peter Kreinberg

Schon beim Führen entscheidet sich, ob sich der Umgang zwischen Mensch und Pferd harmonisch und sicher gestaltet oder durch Konflikte geprägt ist. Aus diesem Grund habe ich eine einfache aber wichtige Übungsreihe entwickelt: das systematische Führtraining. Pferd und Mensch können dabei miteinander und voneinander lernen. Zunächst wird die visuelle Verständigung durch die Körpersprache geordnet. Der Führende setzt seine Blickrichtung, seine Körperausrichtung und -haltung systematisch ein. Mit ruhigen und eindeutigen Bewegungen kann er Richtung, Tempo und sogar die Haltung des Pferdes beeinflussen. Um das Pferd zu verlangsamen, kippt er sein Becken ab und nimmt die Schultern zurück. Um zu beschleunigen, nimmt er den Oberkörper etwas vor. Ebenso wichtig ist es aber, das Pferd systematisch mit Berührungssignalen am Kopf mittels Halfter und am Körper mit Leitseilende oder Gerte vertraut zu machen. Dabei ist es wichtig, ohne Kraftanwendung

wie zum Beispiel Ziehen, Festhalten am Halfter, Drücken oder Gegenstemmen am Pferdekörper einzuwirken. Stattdessen werden nur Impulse gegeben. Sensorische beziehungsweise taktile Reize ersetzen somit eine kraftorientierte Umgangsform. Dazu geht man im Schritt neben dem Pferd auf Höhe des Halses. In dieser Übungsphase hält man das Führseil etwa zehn bis 15 Zentimeter unter dem Pferdekopf in der Führhand. Das restliche Führseil wird in circa 40 Zentimeter großen regelmäßigen Windungen in der freien Hand gehalten. Niemals darf das Führseil in kleinen Windungen um die Hand geschlungen werden. Soll das Pferd verlangsamen, gibt man leichte rückwärts wirkende Impulse. Das wiederholt man, bis das Pferd die Bedeutung dieser Verlangsamungsimpulse verstanden hat und ein wenig reagiert. Sofort müssen dann die Impulse ausgesetzt werden. Wird es bei leichten Impulse langsamer oder lässt sich anhalten, so kann man es auf die gleich Weise auch einige Schritte

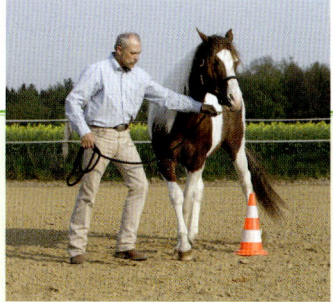

Impulse werden dabei jeweils der Schwebephase des führen- Vorderbeines gegeben.

Das Pferd weicht dabei stets dem Führenden.

Stimmt das Timing, dann entsteht das „Wir-Gefühl".

rückwärts treten lassen. Um es wieder angehen zu lassen oder zu fleißigerem Gehen zu animieren, touchiert man es mit einer Gerte oder mit dem Führseilende in der Gurtlage oder hinter dem Ellbogen. Dabei schaut man weiterhin voraus. Sobald es reagiert, setzt man die Signalgebung aus und lobt es mit der Stimme.

Will man es wenden, werden die Signale seitwärts gegeben, bis eine Richtungsänderung im Ansatz erfolgt, dann werden die Signale ausgesetzt. Die Wendungen werden stets vom Führenden weg ausgeführt. Dabei ist es wichtig, die seitwärtsweisenden Impulse immer dann zu geben, wenn sich das jeweils richtungsweisende Vorderbein des Pferdes in der sogenannten Spielbeinphase, also in der Luft, befindet. Köperhaltung und Berührungssignale sollten stets gut abgestimmt werden. Um dem Pferd das Führtraining sinnvoll erscheinen zu lassen, ist es ratsam, sich Hindernisständer, Pylone oder ähnliches als Orientierungsobjekte aufzustellen, um die

herum werden die Wendungen ausgeführt. Die Übungen werden dann auch auf der rechten Seite gehend erarbeitet. Aber Achtung: Viele Pferde sind irritiert, da sie nicht daran gewöhnt sind, von rechts geführt zu werden. Ruhiges und geduldiges Vorgehen ist wichtig. Schon nach wenigen Übungseinheiten sollte diese Phase überwunden sein und die Übung ebenso reibungslos wie von der linken Seite gelingen. Diese Übungsreihe legt die Grundlagen für eine feine Verständigung. Zudem lernt das Pferd, den Individualbereich des Menschen zu respektieren. Im Sozialverhalten der Pferde ist derjenige, der weichen lässt, stets der Ranghöhere und derjenige, welcher weicht, der Rangniedere. Der Leitanspruch des Menschen dem Pferd gegenüber kann in dieser Übung also auf sehr elegante Weise ohne Konflikte nach und nach gefestigt werden. Die Führübung dient somit dazu, alle wichtigen Funktionsbereiche in der Mensch-Pferd Beziehung zu ordnen und zwischen beiden ein „Wir-Gefühl" zu schaffen.

Ein Pferd lernt in jedem Moment, in dem wir mit ihm zusammen sind. Nur eine gute Kommunikation mit klaren Regeln auf beiden Seiten führt zu einem harmonischen Miteinander.

einhalten. Für ein Pferd ist es nicht nachvollziehbar, warum es uns an einem Tag zum Grasbüschel ziehen darf und wir es am nächsten Tag genau an derselben Stelle wild schimpfend davon abhalten.

Weiter unterscheidet ein Pferd nicht zwischen Führübungen auf dem Reitplatz und dem Gang von der Weide. Sie sollten daher Ihr Führen immer gleich konsequent gestalten – unabhängig von Ausgangs- und Zielort. Das schließt durchaus mit ein, dass Sie Ihrem Pferd eine Pause zum Grasen beim gemütlichen Spaziergang geben dürfen, jedoch erteilen Sie dafür die Erlaubnis und nicht das Pferd. Achten Sie beim Führen auf Umweltreize, die das Pferd beeinflussen könnten – versuchen Sie, Ihr Pferd beim Führen genau zu beobachten und die Welt mit Pferdeaugen zu betrachten. Treten Sie in Kommunikation mit ihm. Das ist vielleicht anfangs für Ihren Menschenkopf durchaus ganz schön anstrengend, aber Sie werden schnell lernen, für Ihr Pferd ein vorausschauender Partner zu sein. Infolgedessen wird sich Ihr Pferd Ihnen gerne anschließen, denn Sie haben ja „alles im Blick" und reagieren in seinen Augen „richtig". Führen Sie auch vor dem Aufsitzen immer wieder einige Zeit, um die Qualität Ihrer Kommunikation zu überprüfen und gegebenenfalls zu verbessern. Dies wird sich positiv auf das

Verhalten Ihres Pferdes unter dem Sattel auswirken.

Eine gute Führkultur beinhaltet, dass der Mensch in der Lage ist, sein Pferd in Tempo, Richtung und Gangart bestimmen zu können. Hierbei sollte ein Anhalten und wieder Angehen sowie ein Rückwärtsrichten jederzeit abrufbar sein und dies auf beiden Seiten des Pferdes! Pferde (und Menschen),

die das Führen von rechts nicht gewöhnt sind, zeigen sich zunächst vollkommen irritiert. Es ist jedoch äußerst hilfreich, da es durchaus immer wieder vorkommen kann, dass man einmal von rechts aktiv werden muss und ebenso wie beim Aufsitzen von der rechten Seite wird darüberhinaus die Koordinationsfähigkeit des Menschen geschult. Das Führen von beiden Seiten ist

Führen Sie Ihr Pferd in allen Wendungen stets in die Ihnen abgewandte Richtung.

Führübungen

Beginnen Sie Ihre Führübungen zunächst auf einem eingezäunten Platz oder in einer Halle. Halten Sie den Strick in der dem Pferd zugewandten Hand, die Gerte in der ihm abgewandten. Schauen Sie in die Richtung, in die es gehen soll – und achten Sie darauf, dass Ihr Körper der Blickrichtung folgt!

In dieser Führposition ist das Sichtfeld des Pferdes weniger eingeschränkt. Achten Sie darauf, dass Ihr Pferd sich nicht direkt hinter Ihnen positioniert.

Lassen Sie dem Pferd in der Pause genügend Raum, damit es sich entspannen kann. Versperren Sie ihm nicht das Sichtfeld, sondern treten Sie ruhig etwas zurück. Sie können auch, um die Pause zu verdeutlichen, das dem Pferd zugewandte Bein aufstellen und/oder sich in Höhe der Sattellage positionieren.

Viele Halt-Schritt-Halt-Übergänge, Tempounterschiede, Gangartenwechsel wie Schritt-Trab-Schritt oder Halt-Trab-Halt-Übergänge erhalten die Aufmerksamkeit des Pferdes. Führen Sie in der nächsten Zeit vermehrt auf der rechten Seite, um beide Hände und Seiten gleichmäßig zu schulen.

Zum Anhalten richten Sie sich leicht auf, verlangsamen Ihren Schritt, heben den Strick leicht an und zeigen gegebenenfalls mit der Gerte wie eine Schranke vor das Pferd. Kippen Sie Ihr Becken minimal ab und setzen Ihre Fersen ganz bewusst auf den Boden: „Haaaalt!" – atmen Sie dabei aus.

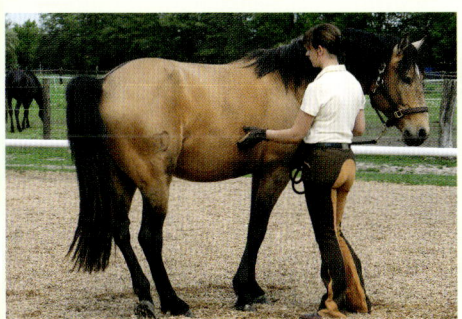 

Hier lernt das Pferd, einem Druck zu weichen. Reagiert es auf eine leichte Berührung nicht, steigern Sie den Druck nur aus den Fingerspitzen heraus bis hin zu einer leichten Vibration und lassen Sie sofort nach, wenn Ihr Pferd einen(!) Schritt ausgewichen ist. Streicheln Sie den berührten Bereich und machen Sie eine Pause.

Richten Sie Ihren Fokus auf die Hinterhand und gehen in einem Bogen darauf zu. Die Gerte dient als verlängerter Arm und der „Zeigefinger" (das Ende der Gerte) tippt das Pferd so lange leicht rhythmisch an, bis es wieder nur einen Schritt weicht: „Dankeschön!"

eine Voraussetzung für die Arbeit an der Hand, das Longieren oder das Einfahren und sollte daher jedem Pferd vertraut und mit feinen Signalen möglich sein.

Eine Führposition etwa zwei Meter schräg seitlich versetzt vor dem Pferd hat sich bewährt. So bewahren Sie genügend Sicherheitsabstand, gerade wenn Sie das Pferd noch nicht so gut kennen oder wenn Sie in eine Situationen geraten, in der Sie beide mehr Raum benötigen. Dieser Bereich gewährt Ihnen eine gute Einwirkungsmöglichkeit. Das Pferd kann so seine Umgebung noch wahrnehmen, weil sein Sichtfeld durch uns weniger eingeschränkt wird als bei einer Position direkt am Pferdekopf. Weitere Führpositionen sind direkt am Kopf; im Bereich „Pferdekopf auf Höhe der Schulter des Menschen" – hier haben Sie das Pferd gut „im Blick" – nehmen ihm jedoch viel von seiner Sicht (diese Position wird unter anderem bei der Arbeit an der Hand eingenommen); auf Höhe der Pferdeschulter – das ist die von der FN bevorzugt empfohlene Position; auf Höhe der Sattellage oder auch direkt neben der Hinterhand für die Vorbereitung beispielsweise der Arbeit am Langen Zügel. Gerade die letzten beiden Positionen sollten erfahrenen Ausbildern vorbehalten bleiben, denn hier ist das Verletzungsrisiko stark erhöht, wenn Pferd und Führperson ungeübt oder unerfahren sind.

Beweglichkeit in alle Richtungen

In der Herde lässt sich oft beobachten, dass das ranghöhere Tier, beispielsweise um an eine Wasser- oder Futterstelle zu gelangen, sehr klar seinen Weg geht und der Rangniedrige ihm ausweichen muss. Im Umgang mit dem Menschen haben sehr viele Pferde diese Position des Ranghöheren eingenommen und gelernt, uns zu dirigieren. Ja, vielen Pferdebesitzern fällt dieses Verhalten gar nicht auf und tatsächlich entsteht dadurch in „normalen" Situationen kein Problem. Im Ernstfall jedoch wird das Pferd die Führung übernehmen und bei Gefahr selbst bestimmen, ob es flüchtet oder sich verteidigt, was höchst gefährlich für alle Beteiligten werden kann. Schon deshalb ist es wichtig, dass Sie Ihr Pferd auf eine feine Hilfengebung hin in alle Richtungen mit der Vorhand (hier jeweils mit den einzelnen Bereichen Schulter, Hals und Kopf), der Hinterhand oder mit dem ganzen Pferdekörper gleichzeitig auf eine leichte Berührung hin, Ihrer Körperpräsenz oder gar einen Blick Ihrerseits hin weichen lassen können.

Dies vereinfacht nicht nur das Putzen ungemein, wenn das Pferd auf eine feine Aufforderung hin mit der Hinterhand weicht, sondern ist auch in vielen weiteren Situationen im Alltag eine große Erleichterung. Darüber hinaus dient das

Weichen-Lassen sogar als Vorbereitung auf verschiedene Lektionen unter dem Sattel. Beobachten Sie sich selbst: Ist Ihre Berührung für das Pferd eindeutig und klar erkennbar als Hilfe zum Weichen – oder ist es eher ein Streicheln, das keine Bewegung erforderlich macht?

Sind Sie von Ihrer inneren Einstellung her in dieser Beziehung klar, wird Ihr Pferd mit der Zeit lernen zu differenzieren, ob es sich am Bauch, in der Sattellage und an der Brust sowohl mit der Gerte als auch mit den Händen um eine Berührung handelt oder ob es zu weichen gilt.

Später wird es dies sogar ohne Berührung, allein durch Ihre Ausstrahlung und Körperpräsenz sowie Ihr inneres Bild tun. Bedenken Sie stets, dass bei einem Nichtreagieren Ihres Pferdes in den meisten Fällen eine Verständigungsschwierigkeit der Grund ist oder auch generelle Missverständnisse in der Beziehung zu Ihrem Pferd.

Es hat also die Hilfe entweder nicht richtig verstanden oder gelernt oder es kann Sie (noch) nicht als einen Menschen respektieren, an dem es sich orientieren kann. Dann gehen Sie einen Schritt zurück, beobachten Sie sich selbst sowie Ihre Ausstrahlung und Hilfengebung und beginnen Sie mit einer leichteren Übung. Am besten lassen Sie sich von einem erfahrenen Ausbilder helfen.

Womit fühlen Sie sich wohl?

Nähe muss man sich verdienen! Wir erweisen unserem Pferd gegenüber Respekt und berücksichtigen seine natürlichen Verhaltensweisen, aber umgekehrt ist es allein aus Sicherheitsgründen unabdingbar, dass auch das Pferd unsere Grenzen wahrt, uns ebenfalls keine Verletzungen zufügt und unsere Sicherheit nicht in Gefahr bringt.

Bei allen Übungen fühlen Sie immer wieder in sich hinein, womit Sie sich persönlich wohlfühlen, welche Individualdistanz Sie als für sich angenehm empfinden. Jeder Mensch und jedes Pferd benötigt einen anderen „Sicherheitsabstand", beziehungsweise Individualabstand zu anderen Lebewesen und je vertrauter sich beide sind, desto geringer kann dieser werden. Wichtig ist, dass Sie den Individualabstand jederzeit vergrößern können. Bitten Sie das Pferd in diesem Fall gegebenenfalls durch klare Körpersignale, mehr Abstand zu halten. Achtung und Respekt gelten für beide Seiten! Betreten Sie den (Lebens-)Raum des Pferdes, sollten Sie sich ebenfalls höflich benehmen. Beobachten und erspüren Sie, wie viel Nähe Ihr Pferd wirklich mag und verträgt. Berühren Sie beispielsweise zur Begrüßung nicht gleich das Gesicht, das ist Ihnen sicher auch nicht angenehm oder nur von Menschen, die Ihnen sehr, sehr nahe stehen.

Mit einer guten Vorbereitung und einem eben-solchen Vertrauensverhältnis gehen unsere Pferde mit uns durch dick und dünn.

Schließen Sie den Alltag nicht aus, sondern im Gegenteil: Sehen Sie sich mit Ihrem Pferd alles genau an, wovor es Sorge haben könnte. So lernt es Stück für Stück, Ihnen mehr zu vertrauen und Umgebungsreize als „Das ist ja gar nicht so schlimm!" abzuspeichern.

Gemeinsam sind wir stark – Situationen im Alltag sicher meistern

Sind die soeben beschriebenen Regeln im Alltag abgesichert, können Sie sich an größere Herausforderungen mit Ihrem Pferd heranwagen. Die Arbeit mit Planen, Stangen, Hütchen oder bestimmten Trailhindernissen; spannende Ausflüge auf eine andere Anlage oder in unbekanntes Gelände erweitern Ihren gemeinsamen Horizont und stärken das gegenseitige Vertrauen. Sie werden es sein, der Ihrem Pferd als Freund zur Seite steht und hilft, die Angst vor neuen Gegenständen oder Situationen zu

überwinden. Dies wird Ihre Partnerschaft positiv beeinflussen und festigen.

Es hat sich bewährt, Pferde immer wieder neuen Reizen auszusetzen, um sie auf die unterschiedlichsten Gegenstände und Situationen, die einem im Alltag begegnen und widerfahren können, vorzubereiten. Das Pferd lernt dabei, mehr Gelassenheit im Umgang mit diesen zu entwickeln. Flüchtet es anfangs seinem natürlichen Instinkt folgend vor jeder neuen Kleinigkeit, so wird es nun stattdessen erfahren, dass sein Mensch bei ihm ist, es unterstützt und das Vertrauen gibt, dass man zum Beispiel vor einem Traktor nicht davonlaufen muss. Es lernt, dass es neuen Situationen nach

Sie können Ihr Pferd gezielt vorwärts aber auch rückwärts oder seitwärts über einzelne oder mehrere Stangen dirigieren. Dies erhöht seine Geschicklichkeit und Koordinationsfähigkeit. Auch Sie selbst erlangen mehr Gefühl für eine präzise Einwirkung und ein gutes Timing.

Nachdem die Plane verfolgt wurde, ist später sogar ein Auflegen auf den Rücken voller Entspannung möglich.

dem Motto „erst denken, dann handeln" begegnen kann. In der Natur flüchtet ein Pferd, wird sich aber in den meisten Fällen in sicherer Entfernung umdrehen und sich das Objekt seiner Sorge ansehen, vielleicht gar auf es zugehen. Diese natürliche Neugier macht sich der Mensch zunutze und er wird versuchen, sie zu wecken, bevor der Fluchtinstinkt zu stark geworden ist. Das heißt, dass die Reize, denen er das Pferd aussetzt, sehr langsam gesteigert werden – immer abhängig davon, was es schon „verträgt". Möchten Sie Ihr Pferd an etwas Ungewohntes wie beispielsweise eine Plastikplane gewöhnen, nehmen Sie diese erst einmal in die Hand und schauen Sie selbst die Plane an, als ob sie etwas sehr Spannendes wäre, gehen Sie dann damit vor Ihrem Pferd her, lassen Sie sich „verfolgen". Nach einiger Zeit siegt zumeist die Neugier und es möchte den Gegenstand einmal aus der Nähe „betrachten", ihn mit der Nase untersuchen. Erst, wenn dies entspannt möglich ist, legen Sie die Plane auf den Boden und lassen das Pferd diese dort selbst erkunden. Achten Sie gut auf Ihren Sicherheitsabstand, der so groß sein sollte, dass Sie bei einem Erschrecken und Zur-Seite-Springen des Pferdes genügend Platz zum Ausweichen haben, und dass weder Sie noch andere Beteiligte in der Bahn gefährdet sind.

Das nächste Spiel heißt nun „einen Schritt vor und wieder zurück". Dabei geht das Pferd einen Schritt auf das gruselige Objekt zu und Sie schicken es wieder einen Schritt zurück – Pause – jetzt zwei Schritte vor und wieder zurück – Pause und so fort, bis das Pferd einen Huf auf die Plane setzt und in den nächsten Übungseinheiten lernen wird, ganz souverän über die Plane zu gehen. Dies ist später auch eine tolle Möglichkeit, um Ihr Pferd an das Einsteigen in den Pferdehänger zu gewöhnen.

Zedam und Franzi vertrauen einander – dieses Vertrauen ist der Grundstein für ihre besondere Verbindung.

Hund & Pferd: Gemeinsam durch dick und dünn

Ein Text von Karen Uecker

Schon lange bevor die Begrifflichkeit „Reitbegleithund" entstand, begleiteten viele Hunde ihre reitenden Menschen oder liefen neben der Kutsche her. Eine spezielle Vorbereitung dafür durchliefen dabei meist weder Hunde noch Pferde. Doch unsere Umwelt hat sich verändert. Die Gebiete in denen wir reiten, werden immer begrenzter, der Verkehr nimmt zu, ebenso die Größe (und die von den Pferden empfundene Bedrohlichkeit) der landwirtschaftlichen Vehikel, wir müssen unser Reitgebiet mit vielen anderen Nutzern teilen. Das heißt, wir müssen Rücksicht nehmen und uns umsichtig und vorausschauend verhalten. Das geht nur, wenn wir als Reiter in der Lage sind, unser Pferd an möglichst feinen Hilfen auch durch schwierige Situationen vertrauensvoll zu führen und wenn der begleitende Hund zuverlässig vom Pferd aus zu „handeln" ist.

Der Grundstock für eine harmonische Partnerschaft ist eine erfolgreiche Annäherung von Hund und Pferd, denn gerade in brenzligen Situationen muss man sich darauf verlassen können, dass nicht Hund und Pferd die Gunst der Stunde nutzen, um dem anderen

Karen Uecker arbeitet als Autorin und beschäftigt sich seit vielen Jahren mit der Ausbildung von Hunden und Pferden. Ihr Belgischer Schäferhund „Asim" begeistert sein Publikum auf Messen, großen Shows und im Fernsehen mit seiner freudigen Ausstrahlung. Seine Ausbildung beruht auf solider und präziser Grundausbildung gepaart mit der hohen Kunst, dem Tier mittels Motivationstraining, durchdachter Belohnungsmethodik und eigener Ausstrahlung eine größtmögliche Freude an der „Arbeit", der Interaktion zwischen Mensch und Tier zu vermitteln. Die Grundzüge dieses Trainings lassen sich wunderbar sowohl auf die Ausbildung des Pferdes übertragen als auch auf die Arbeit mit Hund und Pferd gemeinsam.

zu verdeutlichen, was man von ihm hält … Der Schlüssel dazu ist die Belohnung von freundlichem und kooperativem Verhalten und nicht erst auf ein „Fehlverhalten" zu warten, um es dann zu korrigieren. So ist es beispielsweise im Hinblick auf eine echte Zuneigung der beiden Tiere viel erfolgversprechender, ein aggressiv reagierendes Pferd nicht mit dem sich nähernden Hund zu konfrontieren, sondern den Hund in weitem Abstand zu dem Pferd zu belassen und das Pferd dabei liebevoll zu verwöhnen – solange bis das Pferd das Erscheinen des Hundes mit etwas Angenehmem verbindet. Dann kann der Abstand recht schnell verkleinert werden!

Es folgen gemeinsame Spaziergänge, zunächst ganz kontrolliert mit dem angeleinten Hund und möglicherweise auch mit einer Hilfsperson. Klappt das gut, ist es wichtig, das Pferd darauf vorzubereiten, dass der Hund im Alltag auch mal viel „wilder" sein kann. Das Pferd sollte in aller Ruhe und Gelassenheit dabei zusehen, wie der Hund spielt, rennt, hüpft und bellt – mal mit mal ohne Leine. An die Berührung mit der Hundeleine sollte das Pferd übrigens auch auf jeden Fall gewöhnt werden, *bevor* der Hund am anderen Ende wuselt! Das Ganze beginnt man sehr behutsam, letztlich sollte das Pferd dabei aber nicht „geschont" werden, sondern durchaus verstehen, dass kein Grund zur Sorge oder gar zur Flucht besteht , wenn der andere Vierbeiner auch einmal „robuster" zur Sache geht. Wichtig bei dieser Übung ist – wie bei allem, was man mit Hund und

Fortsetzung von Seite 121

Pferd gemeinsam unternimmt – das passive Tier ebenfalls zu belohnen! Denn dass sich ein Tier, dem die Aufmerksamkeit des Menschen für kurz oder auch mal für länger entzogen ist, eigenverantwortlich „pro Mensch" kooperativ ruhig und abwartend verhält, ist nicht selbstverständlich und ein wertvolles Gut, wenn man mehrere Tiere gleichzeitig „handeln" muss.

Meiner Erfahrung nach ist eines der wichtigsten Elemente, die der Hund im Hinblick auf Sicherheit mit Pferd und Hund lernen sollte, das zuverlässige „Parken". Nicht nur rund um den Stallalltag ist ein sicher abliegender Hund eine gewaltige Erleichterung sondern noch viel wichtiger ist, dieses Kommando hinsichtlich der Kalkulierbarkeit von Ausnahmesituationen wirklich zu etablieren. Das trägt zu Sicherheit und Harmonie bei und hilft, Unfälle zu vermeiden. Wenn der Reiter in einer kritischen Situation souverän in der Lage ist, seinen Hund an einem angewiesenen Ort abzulegen und dieser weder meint, in die Erziehung des Pferdes eingreifen zu müssen, noch angesichts des abgelenkten Reiters seines Weges zu gehen und zu schauen, wo die Rehe wohnen – dann kann sich der Reiter ganz seinem Pferd widmen. Beginnt man damit, dem Hund diese „Bleib!"- Kommandos beizubringen, sollte man sich zunächst auf ganz kurze Übungseinheiten beschränken und auf gar keinen Fall vergessen, das Kommando aufzulösen – ansonsten wird der Hund fortan entscheiden, wann er das Kommando beendet. Das gilt im Übrigen natürlich für jedes Kommando! Wenn der Hund sich dann sogar aus jeder Gangart an jeder beliebigen Stelle parken lässt, hat der Reiter ein wunderbares Mittel, schwierige Situationen strukturiert zu meistern.

Das Entscheidende bei allen Kommandos jedoch ist, dass sie jederzeit abrufbar sind! Dazu gehören unter anderem das Liegenbleiben, Richtungskommandos sowie das Laufen dicht neben, vor oder hinter dem Pferd. Je mehr solcher Anweisungen der Hund beherrscht, desto leichter wird das Zusammensein. Und zwar sollte dies nicht nur auf dem Reitplatz in reizarmer Umgebung mit einem entspannten Pferd und Reiter möglich sein, sondern auch und gerade in stressigen Situationen.

Deshalb ist ein gesicherter Grundgehorsam absolut unerlässlich, denn letztlich entscheidet die Frage, ob der Hund zuverlässig tut, was man ihm sagt darüber, ob der Ausritt zu dritt harmonisch und sicher ist. Sachkundiges Verständnis für das Pferd und den Hund sowie ein gutes Situationsmanagement, um die Kalkulierbarkeit von Ausnahmesituationen zu verbessern, ist die

Was gibt es Schöneres als einen herrlichen Sommerausritt gemeinsam mit Pferd und Hund.

wesentliche Voraussetzung beim Menschen dafür. Es gibt durchaus Hunde, die – wenn ihr Mensch zu Fuß unterwegs ist, immer einmal wieder daran erinnert werden müssen, wo sich ihr Rudel und damit auch ihr Aufenthaltsschwerpunkt befindet, dafür jedoch als Pferdebegleitung mit perfekten Manieren aufwarten.

Verhalten Sie sich mit Hund und Pferd immer rücksichtsvoll gegenüber Spaziergängern, Fahrradfahrern, Joggern, Nordic Walkern (die ja auch gerne mal in ganzen Rudeln die Wege bevölkern) und anderen Hundebesitzern. Zudem sollten wir unnötigen Lärm oder rasche Ritte querfeldein vermeiden, um Wild nicht aufzuscheuchen, das

ohnehin in unserer „Spaß- und Freizeitlandschaft" schwierige Lebensbedingungen hat. Es gilt: Stress um jeden Preis zu vermeiden – Leistung hingegen durchaus abzuverlangen. Eine Aufgabe, die sie erfüllen können, bereitet Pferd und Hund große Freude!

Der Schlüssel für den Erfolg zu dritt ist es, die Ruhe zu belohnen und nicht Aufregung zu bestrafen. Geben Sie das Lob wirklich unmittelbar, selbst für kleinste Ruhemomente und nicht erst, wenn das unerwünschte Verhalten bereits eingesetzt hat. In ganz bestimmten Fällen ist auch das sinnvoll, aber dafür muss man seine Ziele und seinen Hund sehr genau kennen und die Belohnung sehr bewusst einsetzen.

Füttern Sie bitte kein einzelnes Pferd in der Herde. Dies könnte zu Rangstreitigkeiten zwischen den Gruppenmitgliedern führen und leicht gerät man dazwischen.

Regeln auf Paddock, Weide oder in der Box

Viele Unfälle auf dem Paddock, der Weide oder im Stall geschehen „unbeteiligten" Personen, welche zwischen zwei oder mehrere („streitende") Pferde geraten. Ein Grund hierfür kann Unerfahrenheit desjenigen sein, welcher die Weide betritt und die Zeichen der Gruppenmitglieder nicht richtig zu deuten vermag. Gerade Kinder sind hier stark gefährdet, weil sie meist aufgrund ihrer Entwicklung gar nicht in der Lage sind, komplexe Situationen mit mehreren Pferden zu überschauen und die nahende Gefahr zu erkennen. Auch die Reaktionsschnelligkeit ist im Vergleich zu einem Erwachsenen vor allem bei kleinen Kindern deutlich verringert! Weitere Risiken sind auch das Füttern auf der Weide – hier kommt es schnell zu handfesten Rangstreitigkeiten, die nicht nur für den Menschen gefährlich sind. Unter Sicherheitsaspekten ist also unbedingt darauf zu achten, dass niemals ein einzelnes Tier innerhalb einer Pferdegruppe gefüttert wird. Ansonsten gilt grundsätzlich, dass Sie keine fremden Pferde ohne Absprache mit dem Besitzer füttern sollten und auch eine fremde Weide ist ohne Erlaubnis nicht zu betreten. Kinder sollten Pferde immer nur in Begleitung eines pferdeerfahrenen Erwachsenen vom Auslauf oder aus einer Box holen und auch Pferdeneulinge brauchen einen kompetenten Partner an ihrer Seite. Achten Sie auf festes Schuhwerk und entsprechende Kleidung, selbst wenn Sie Ihr Pferd nur einmal schnell von A nach B bringen möchten. Handschuhe zum Führen sind durchaus keine Eitelkeit, gerade bei jungen oder stürmischen Pferden ist es sicherer, sie lieber einmal mehr angehabt zu haben, als schwere Brandverletzungen zu riskieren, weil Ihnen der Strick durch die Finger gezogen wurde.

Passieren Sie Türen und Tore immer zuerst, um nicht zwischen diese und das Pferd zu geraten. Achten Sie dabei jedoch darauf, etwas seitlich versetzt und mit größerem Abstand vor dem Pferd zu gehen, damit es Sie bei einem Erschrecken in einer schmalen Gasse nicht überrennt, denn es sieht Sie ja direkt vor sich nicht! Handeln Sie im Falle eines Überholens oder ungestümen Rennens durch die Tür im Moment! Klären Sie Disharmonien sofort, besonders wenn Ihr Pferd Sorge hat, durch ein Tor zu gehen und dieses ganz schnell passieren möchte oder nicht abwartet, wenn Sie in die Box gehen möchten und es an Ihnen vorbeizieht. Wiederholen Sie die Situation – einmal durch das Tor und wieder zurück – so lange, bis es ruhig abwarten kann. Denken Sie daran: Ein Pferd lernt in jeder Sekunde Ihres Zusammenseins. Was Sie heute nicht klären, wird morgen nicht

Kinder und Reiterneulinge benötigen auch beim Hinaus- und Hineinführen auf den Paddock oder die Weide einen erfahrenen Helfer an ihrer Seite.

So ist es gut! Führen Sie Ihr Pferd bevor Sie das Halfter öffnen zunächst von sich weg in Richtung Ausgang.

besser werden. Einmal geklärt, brauchen Sie dieses „Spiel" nicht jeden Tag von vorne zu beginnen, was Unruhe vermeidet und das Gefahrenpotential auf ein Minimum beschränkt.

Halten Sie Boxentüren immer so weit wie möglich geöffnet und sorgen Sie für genug Platz auf der Stallgasse. Achten Sie beim Führen oder Putzen in der Stallgasse besonders darauf, dass Ihr Pferd nicht von einem anderen aus einer Box heraus gebissen werden kann.

Bringen Sie Ihr Pferd wieder in die Box, auf die Weide oder in den Auslauf zurück, empfiehlt sich folgendes Vorgehen: Gehen Sie weit genug hinein, wenden Sie Ihr Pferd dann, indem Sie es nach rechts (oder links, wenn Sie auf der rechten Seite führen) von sich weg in einem kleinen Bogen führen, sodass es zum Ausgang schaut – in der Box zur Tür. Lassen Sie es jetzt noch ein-

mal den Kopf absenken und sich Ihnen zuwenden. Warten Sie in Ruhe ab, bis das Pferd entspannt steht. Bleibt es nun bei Ihnen, kraulen Sie es zum Abschied an seiner Lieblingsstelle. Erst dann streifen Sie das Halfter ab. Geben Sie ihm in der Box eventuell noch ein Leckerli oder besser eine Möhre, die das Pferd etwas länger kauen kann, sodass es sich angewöhnt, noch einen Moment ruhig zu stehen. Sie können in dieser Zeit die Box sicher verlassen.

Leider sind gerade Pferde, welchen wenig freie Bewegung zugestanden wird, oftmals sehr aufgeregt, wenn sie zum Auslauf gebracht werden, da sie ihren natürlichen Bewegungsdrang ausleben wollen. Hier müssen Sie sehr wachsam sein, da ein übermütiges Bocken oder Ausschlagen aus der Freude heraus, gleich laufen zu dürfen, nicht selten sind und ein erhöhtes Verletzungsrisiko bergen. Eine Maßnahme wäre in dem Fall: Mehr Bewegung und eine andere Haltungsform für das Pferd!

Achten Sie auf der Weide auf die anderen Herdenmitglieder und auf genügend Abstand zu ihnen, damit Sie selbst nicht zwischen die Fronten geraten, sollte es zu Rangstreitigkeiten kommen.

Eine Weideschleuse ist ein kleiner abgetrennter Bereich vor der großen Weide, sie kann Ihnen dabei helfen, Ihr Pferd in Ruhe aus der Weide und wieder zurück zu bringen.

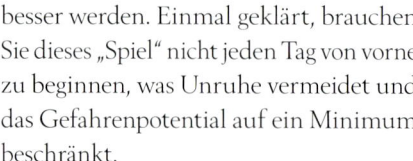

Merke

Wickeln Sie sich niemals den Führstrick beim Aufhalftern oder Führen um die Hand! Erschrickt das Pferd, springt zur Seite oder startet gar im Galopp durch, können Sie sich schwer verletzen! Im Zweifelsfall muss man loslassen können!

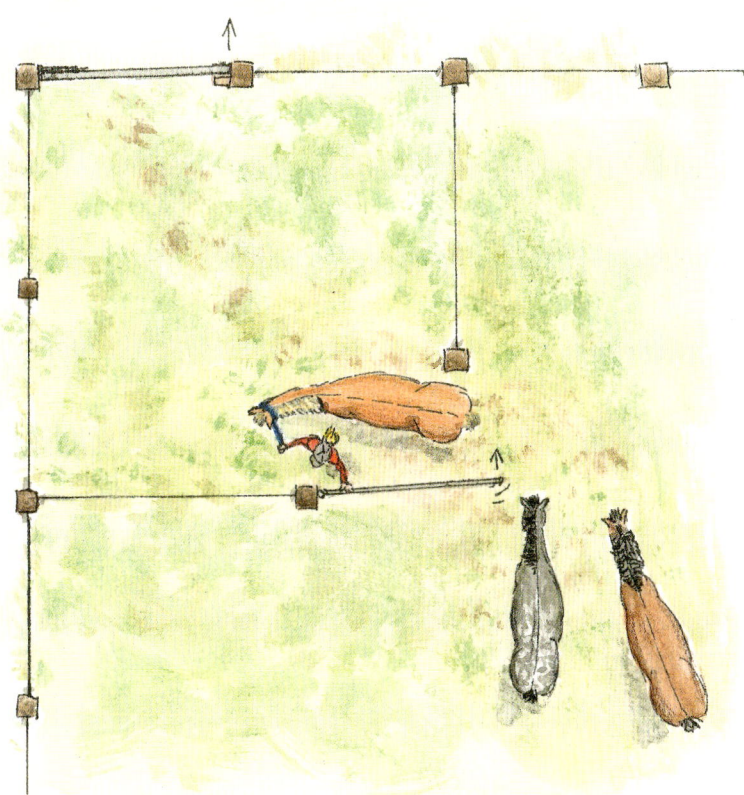

Sicher hinaus und wieder herein – die Weideschleuse.

Führen Sie mehrere Pferde hinter- oder nebeneinander mit anderen Personen auf die Wiese, so sind einige Meter Abstand zwischen den Pferden aus Sicherheitsgründen empfehlenswert. Danach sollten alle in der oben beschriebenen Weise verfahren und alle gleichzeitig die Pferde loslassen, dies können Sie auf Zuruf miteinander vereinbaren. Ist eine Herde in Panik geraten oder rennt in spielerischem Tempo auf Sie zu, versuchen Sie niemals, dazwischen zu gehen oder diese aufhalten zu wollen – bringen Sie sich in Sicherheit. Besonders bei Jungpferdeherden ist auf die Herdendynamik Augenmerk zu legen, um nicht zwischen die Fronten zu geraten.

Wird in einer Offenstallhaltung Kraftfutter gegeben, muss für jedes Pferd ein eigener Futterplatz zur Verfügung stehen. Entweder räumlich so begrenzt, dass nur ein Pferd – bestenfalls das richtige! – dort stehen kann oder die Pferde werden zum Fressen sicher angebunden. Das verringert das Verletzungsrisiko durch Futterneid und sorgt dafür, dass jedes Pferd die ihm zugedachte Ration auch in Ruhe fressen kann.

Hier und da ist es gar nicht so leicht, sein Pferd aus einer bestehenden Herde herauszuholen. Sprechen Sie die anderen Pferde an, wenn Sie mit Ihrem Pferd an ihnen vorbei möchten. Geben Sie ein aufmunterndes Stimmsignal, wachsen Sie körperlich ein wenig, machen Sie sich groß, um mit Ihrem Pferd an anderen vorbei zum Tor zu gelangen. Jedes Pferd einer Gruppe sollte die gleichen respektvollen Erziehungsregeln aus seinem Alltag kennen. Dann können Sie alle Pferde auf feine Signale hin zur Seite bitten. Haben Sie jedoch wiederholt Probleme beim Herausholen oder Hineinbringen Ihres Pferdes aus dem/in den Auslauf, sprechen Sie mit dem Stall- und/oder Pferdebesitzer und beraten Sie gemeinsam, wie eine Lösung aussehen könnte. Manchmal hilft allein die Unterstützung durch eine zweite Person. Scheuen Sie sich nicht, um Hilfe zu bitten, denn das Verletzungsrisiko ist in solchen Situationen erheblich.

Der Besuch von Schmied und Tierarzt

Jeder Tierarzt und Schmied zeigt sich hocherfreut über ein wohlerzogenes höfliches Kundenpferd. Dies bietet eine große Sicherheit bei der Arbeit wie auch für Pferd und Besitzer. Bedeutet eine Hufbearbeitung oder eine veterinärmedizinische Versorgung großen Stress für das Pferd und zeigt es im Folgenden Abwehrreaktionen, kann das zur gänzlichen Verhinderung einer gegebenenfalls lebensnotwendigen „Behandlung" führen. Sie als Pferdebesitzer haben die Verantwortung, Ihr Pferd so gut auf diese Termine vorzubereiten, dass sie gefahrlos für alle Beteiligten ablaufen können. Üben Sie zum Beispiel das Hufe geben beziehungsweise Hochhalten über mehrere Minuten, das „Herausnehmen" der Vorder- und Hinterbeine nach vorne und lassen Sie Ihr Pferd auch in dieser Position länger verharren. Im Idealfall können Sie einen Hufbock im Stall nutzen und die Hufe einzeln darauf stellen, um die Situation beim Schmied zu simulieren.

Beim Aufhalftern, Auftrensen, beim Verladetraining oder in Stresssituationen wie bei einem Tierarztbesuch ist es zudem hilfreich, wenn Sie Ihr Pferd punktgenau dazu animieren können, seinen Kopf abzusenken. Ein tiefer getragener Kopf-Hals-Bereich zeigt oft einen entspannten Gemütszustand an oder kann ein Pferd

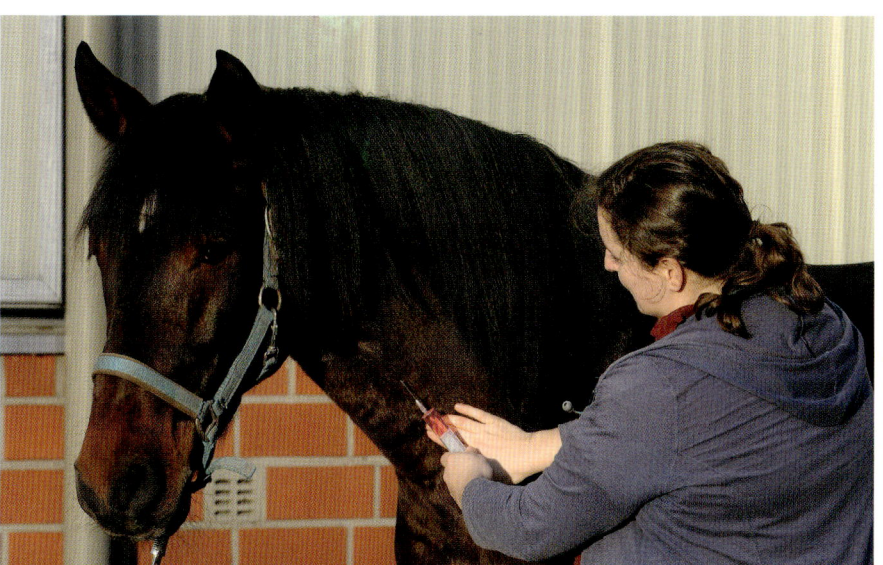

Ob beim Tierarzt, beim Schmied oder beim Verladen: Stimmt die Kommunikation zwischen Pferd und Mensch, sind beide gern gesehene Kunden und im Ernstfall kann dies sogar über ein Pferdeleben entscheiden.

wieder in einen solchen versetzen. Üben Sie dazu zunächst einen leichten Zug am Strick nach unten aus und halten Sie diesen, bis das Pferd ein wenig nachgibt. Wenn Sie in diesem Moment ebenfalls sofort(!) nachgeben, lernt das Pferd hieraus, dass der Druck verschwindet, wenn es den Kopf senkt und dass dann eine Entspannung folgt. Infolgedessen wird es nach einigem Üben ruhig auf Ihre Anfrage reagieren und den Kopf auf einen leichten Impuls am Strick hin senken.

Sie können hierzu auch ein sanftes Handauflegen am Genick oder auf den Hals integrieren. Wurde dies lang genug konditioniert, können Sie Ihr Pferd sogar in Stresssituationen dazu bringen, sich durch ein Absenken des Kopfes, das auf Ihre Hilfe hin geschieht, zu entspannen.

Auf den Tierarztbesuch können Sie Ihr Pferd ebenso vorbereiten wie auf den Schmied. Greifen Sie ihm beispielsweise an den Hals, als würden Sie für eine Blutabnahme das Blut einer Vene stauen.

„Ein gelassener Geist wohnt in einem entspannten Körper" – hierbei bedingt die psychische Losgelassenheit die physische. Im Umkehrschluss kann eine physische Losgelassenheit auch die Psyche positiv beeinflussen.

Nehmen Sie eine Hautfalte, reiben Sie einen Tupfer mit Desinfektionsmittel ein (Geruch) und lassen Sie Ihr Pferd dabei immer wieder den Hals zur Entspannung absenken. Die Autorin Cornelia Weidenauer empfiehlt in ihrem Buch *Voller Vertrauen* für das Üben des Spritzens folgende Übung: *„Beginnen Sie mit dem Abstreichen des Halses und einem leichten Druck der Fin-*

ger – so wie der Tierarzt. Verweilen Sie dann mit den Fingern an einer Stelle und pieken Sie das Pferd vorsichtig (!) mit einem Zahnstocher. Beginnen Sie mit einem leichten Reiz, der nicht schmerzhaft sein sollte. Warten Sie ab, bis das Pferd aufhört mit dem Kopf zu schlagen oder herumzutänzeln. Lassen Sie dann als Belohnung den Druck verschwinden und massieren und streicheln Sie die gepiekte Stelle am Hals mit den Händen. Wiederholen Sie dieses Muster, bis Sie sicher sind, dass das Pferd verstanden hat, dass es belohnt wird, wenn es stehen bleibt und den Kopf ruhig hält. Belohnen Sie es für Abschnauben, Kopf absenken, kauen, lecken oder andere Zeichen der Entspannung und Ruhe."

Üben Sie auch regelmäßig das Fiebermessen bei Ihrem Pferd. Die Anwendung eines Desinfektionssprays können Sie auf dieselbe Art und Weise wie das beschriebene Spiel zur Gewöhnung an eine Plastikplane vorbereiten und in Ihr Training integrieren. Simulieren Sie nach demselben Prinzip mit einer leeren Spritze eine Wurmkur, welche zunächst ans und später ins Maul geführt wird. Sie können die Spritze auch mit etwas Leckerem, wie Apfelmus, füllen, um dem Pferd die Verknüpfung mit etwas Positivem zu erleichtern.

Beobachten Sie bei allen diesen Übungsschritten Ihr Pferd sehr genau! Empfindet es an einem Punkt zu viel Stress, gehen Sie mit der Anforderung mindestens eine

Stufe zurück, bis die Herausforderung letztlich gar kein Problem mehr darstellt. Üben Sie ebenfalls, einen Verband anzulegen (erste Hilfemaßnahme) – das Pferd sollte dabei ruhig stehenbleiben können. Seien Sie kreativ und überlegen Sie vorausschauend.

Auf den Hänger fertig los!

Das Verladen und Hängerfahren ist eines der häufigsten Probleme, mit denen Pferd und Mensch zu kämpfen haben. Allein der Gedanke daran oder der Anblick eines Hängers können viel Stress auslösen und bis hin zu schweren Unfällen oder Verletzungen führen, wenn das Pferd in Panik gerät oder Abwehrverhalten beim Verladen zeigt. Verladen und Fahren kann aber auch zum Vergnügen für alle und damit sehr sicher werden! Grundsätzlich lässt sich die Sorge eines Pferdes vor einem Hänger absolut nachempfinden. Betrachtet man diesen „Karton" einmal mit Pferdeaugen, ist es ein schwarzes Loch, das jegliche Fluchtmöglichkeit verhindert. Zudem spüren Pferde im Hänger die enge Berührung durch Seiten- und Mittelwand, was durchaus ungewohnt und beängstigend sein kann, wurden solche Berührungen durch Gegenstände nicht vorher positiv konditioniert. Kommen dann noch die unruhigen Auf- und Abbewegungen sowie die lauten Geräusche des Straßenverkehrs beim Fahren hinzu, grenzt es an ein Wunder, dass Pferde überhaupt (wieder) einsteigen. Nicht nur im Sinne einer stressarmen Reise zum Turnier für Pferd und Mensch sollte das Hängerfahren geübt werden – im Falle einer Kolik kann ein zeitnahes ruhiges Verladen über Leben und Tod entscheiden. Es lohnt sich wirklich, das Verladen und Hängerfahren regelmäßig zu üben und es so positiv zu belegen, dass es das Pferd mit dem Gedanken „oh, toll, wir machen einen Ausflug" verbindet.

Für Ihre gemeinsamen Hängerfahrten ist ein sicheres, leistungsstarkes und technisch einwandfreies Zugfahrzeug mit einer ebensolchen Anhängerkupplung unabdingbar. Natürlich sollte auch der Hänger den höchsten Sicherheitsstandards entsprechen und TÜV geprüft sein! Kontrollieren Sie deshalb regelmäßig und vor jeder Fahrt unter anderem die Beschaffenheit des Bodens und die aller anderen Hängerteile beispielsweise der Rampe oder Einstiegstür, Reifen und ihren Luftdruck, die Beleuchtung und die Feststellbremse. Lassen Sie auch die Bremsen regelmäßig kontrollieren. Achten Sie auf einen sicheren, rutschfesten Boden- und Hängerklappenbelag. Achtung: Bei älteren Hängern besteht die Bodenplatte meist nur aus Holz – abgedeckt von einer dicken Gummimatte – das Holz kann nach einigen Jahren stark angegriffen oder gar schon kaputt und zur Hälfte durchgetreten sein. Schauen Sie hin und wieder unter die Matte und erneuern Sie falls nötig den Boden.

Eine umsichtige Fahrweise erleichtert Ihrem Pferd die Reise sehr! Dazu gehören unter anderem das langsame Anfahren und Bremsen sowie ein vorsichtiges Durchqueren von Kurven. Ist Ihnen dies zur Selbstverständlichkeit geworden, wird Ihr Pferd auch bei der nächsten Fahrt wieder gerne einsteigen.

Möchten Sie Ihr Pferd an den Hänger gewöhnen, führen Sie es langsam an diesen heran und zerlegen Sie das Verladen in viele kleine Teilschritte. Nehmen Sie sich viel Zeit und beginnen Sie spielerisch. Agieren Sie nicht zielorientiert nach dem Motto: „Du musst da drauf – jetzt!" Dies würde viel zu viel Druck auf das Pferd ausüben, welches daraufhin eher mit Abwehrreaktionen antworten wird. Lassen Sie Ihr Pferd den Hänger erst einmal von allen Seiten betrachten. *„Führen Sie das Pferd in Ruhe einige Runden rechts herum sowie einige Runden links herum vor der Rampe am Hänger. Mit dieser optischen Kenntnis für beide Augen beziehungsweise Hirnhälften des Pferdes stellt sich eine gefühlte Sicherheit ein, die dann das Pferd (meist) gerade auf den Hänger gehen lässt."* so Prof. Dr. Norbert Meenen.

Nähern Sie sich dann dem Hänger und später der Rampe, indem Sie das Pferd einen Schritt nach vorne bewegen und wieder zurück, wie beim Umgang mit der Plane beschrieben. Freuen Sie sich dabei über jeden einzelnen Schritt in die richtige Richtung „Oh toll, jetzt ist schon ein Huf auf der Rampe." Pause. Dann darf der Huf wieder zurückgesetzt werden. Vielleicht stellen Sie auch zusätzlich einen Futtereimer in den Hänger und unerwartet steht das Pferd schon halb drin. Erwarten Sie nicht, dass es nun sofort im Hänger bleibt – gehen Sie gemeinsam wieder zurück und wenn das Pferd zum Futter möchte – wieder hinein. Nach und nach werden so das Verladen und der Hänger an sich etwas ganz Alltägliches.

Dann ist es an der Zeit, eine kleine Runde zu fahren. Diese sollte anfangs wirklich kurz sein, wobei ein gefülltes Heunetz und etwas Leckeres in der Krippe selbstverständlich sind! Vielleicht fahren Sie nur einmal um den Hof – dann erfährt das Pferd auch, dass nach dem Hängerfahren jedes Mal das sichere Zuhause wartet. Wichtig ist, dass Sie bei geplanten Fahrten *immer* genügend Zeit zum Verladen mitbringen, um die Situation entspannen zu können, wenn es einmal nicht gleich klappen möchte.

Als Vorübungen für das Verladetraining eignen sich beispielsweise Führübungen durch einen Engpass. Hierfür werden zwei Gegenstände wie zwei Stangen oder

Ein erfahrener(!) Helfer kann beim Verladen eine gute Unterstützung sein.

nur eine Stange dicht an der Bande, zwei große Strohballen oder zwei Tonnen gelegt oder gestellt, durch die Sie das Pferd hindurchführen können. Dies hilft den sensiblen Tieren, ein Gefühl für die eigene Körperbreite zu bekommen und seitliche Berührungen wie sie im Hänger vorkommen zu akzeptieren. Weiter können Sie üben, durch einen Planentunnel (die niedrige Hängerdecke) hindurchzugehen – vorwärts und rückwärts. Vergessen Sie bei allen Übungen Ihre Handschuhe, eine Gerte und einen Strick, der mindestens drei bis vier Meter lang ist, nicht! Halten Sie für das Verladen stets eine Belohnung parat und bitten Sie einen Helfer, die Stange zu schließen und Ihrem Pferd eine seitliche Begrenzung beim Ein- und Aussteigen zu bieten. Mit einiger Übung ist es später durchaus möglich, Ihr Pferd ganz allein, seitlich neben der Rampe stehend, zu verladen. Sie schicken Ihr Pferd dann ohne Führperson die Rampe hinauf und können Stange und Klappe selbst schließen.

Aufgesessen!

Ein guter, ausbalancierter Sitz ist das Zentrum allen sicheren Reitens. Wirkt das Reiten auf den Betrachter im ersten Moment auch oftmals leicht, erfordert es doch ein großes Maß an Koordinationsfähigkeit und (Körper-)Gefühl. Zudem bedarf es einer jahrelangen Schulung, um einen zügelunabhängigen, losgelassen Sitz zu erlangen.

Ein geübter Reiter wird weich und harmonisch in die Bewegungen des Pferdes einzugehen wissen, es fein in seine gewünschte Richtung, Gangart und Tempo dirigieren, seine natürlichen Bewegungen erhalten, sie sogar verschönern oder anspruchsvolle Aufgaben wie das Springen über ein Hindernis meistern. Wurde ein Pferd von einem guten Reiter für längere Zeit geritten, so wird es selbst in einer kleinen Schrecksekunde nur kurz ausweichen oder zur Seite springen und sich dann von sanfter Reiterhand wieder führen lassen. Auch behält ein Reiter, der einen sicheren Grundsitz beherrscht, in solch unvorhergesehenen Momenten die Balance und bleibt „fest im Sattel". Weiter äußert sich ein guter Sitz in einer entspannten inneren und äußeren Haltung von Pferd und Mensch und ist der Schlüssel zu einer vertrauensvollen Partnerschaft und zu der Harmonie und Verbundenheit, die wir uns mit unserem Pferd wünschen.

Wie erlerne ich den „richtigen" Grundsitz?

Unabhängig davon, in welcher Sparte der Reiterei Sie sich bewegen möchten, ist der Dressur-, Grund- oder Balancesitz die Basis jeden feinen und sicheren Reitens. Daneben gibt es für das Reiten junger oder verspannter Pferde, für das Gelände- oder Springreiten auch den leichten Sitz, in unterschiedlichen Nuancen der Entlastung, die der Reiter je nach Situation wählt. Das Ziel einer guten Sitzschulung sollte jedoch nicht sein, jeden Reiter in eine „Sitzschablone" zu stecken und einen wie gemalten Grundsitz zu erarbeiten. Dafür sind Körperbau und Konstitution der Menschen zu verschieden. Man betrachte nur einmal das Verhältnis zwischen Oberkörper- und Beinlänge wie viele andere Punkte ebenso. Auch unser Pferd bestimmt beispielsweise durch seine Rumpfbreite unseren Sitz mit.

Ein guter Sitz ...

... zeigt sich darin, dass man vom Ohr des Reiters über sein Ellenbogengelenk, seinen Hüftknochen und die Ferse ein Lot fällen kann.

... sollte das Fuß-, Knie-, Hüftgelenk gut mit der Bewegung des Pferdes „mitfedern" lassen. Hierfür ist eine Bügellänge zu wählen, die dieses unterstützt.

... zeichnet sich durch senkrecht stehende sowie weich und fühlend auf das Pferdemaul einwirkende Hände aus. Diese sind immer zum Kommunizieren mit dem Pferd bereit. Unterarm, Handgelenk und Zügel bilden eine Linie.

... beinhaltet einen aufrecht getragenen Kopf, eine gute Atmung sowie einen freien Blick.

... lässt den Reiter eine gute Körperspannung aufbauen, die jedoch die Bewegungen des Pferdes immer „durchlässt", denn wie beim Pferd, wünschen wir uns auch beim Reiter einen unverspannten, losgelassenen Rücken, der ein Mitschwingen in der Mittelpositur möglich macht.

... lässt die Fußballen auf dem Steigbügel liegend ruhen und gewährt so ein sicheres Fundament.

... zeigt sich darin, dass das Reiterbein entspannt aus der Hüfte herabhängt und die Wade fühlend am Pferdleib liegt, zum feinen Kommunizieren bereit.

... gewährt den Gesäßmuskeln, sich zu entspannen und beide Gesäßknochen, links und rechts der Wirbelsäule des Pferdes, gleichmäßig zu belasten.

... lässt den Reiter zügelunabhängig sitzen, was bedeutet, dass er ein gutes Koordinations- und Balancegefühl auf dem Pferd erlernt hat und seine Hände sowie Beine unabhängig vom Rumpf gebrauchen kann.

Der „richtige" Sitz

Ein Text von Eckart Meyners

Der Begriff „Sitz" ist eigentlich ein wenig mit Vorsicht zu genießen, weil man darunter meistens etwas Statisches versteht. Bewegt sich ein Reiter über ein gewisses Maß hinaus, wird er meistens vom Ausbilder aufgefordert, ruhig zu sitzen, was zu einem stoßenden Sitz führt und für das Pferd und den Reiter nicht angenehm ist.

Der Sitz des Reiters muss so geschmeidig sein, um den Bewegungen des Pferdes folgen zu können. Nur durch die Flexibilität im Becken als Nahtstelle zwischen Reiter und Pferderücken kann der Reiter spüren, was das Pferd von ihm will und wie er reitlehregerecht auf das Tier einwirken muss, um seine natürlichen Bewegungsabfolgen zu ermöglichen und zu unterstützen. Nur ein in der Bewegung des Pferdes sitzender Reiter ist ein guter Reiter, weil er versteht, dass die große Masse Pferd die kleine Masse Reiter bewegt. Er horcht erst einmal in das Pferd hinein, bevor er seine Bewegungsabsichten auf den Partner überträgt. Dieser Aspekt ist aber auch zugleich die Basis für sicheres Reiten. Ein Pferd, das sich unter dem Reiter wohl fühlt, bietet eine sichere Grundlage des gemeinsamen Sich-Bewegens. Aufgrund des Sich-Wohlfühlens des Pferdes wird es auch weniger zu Fehlverhalten neigen. Somit können Gefahren für den Reiter durch Buckeln, Steigen oder Ähnliches auf ein Minimum reduziert werden. Erst das „Verschmelzen" der verschiedenen Bewegungebenen von Pferd und Reiter zu *einer* Bewegung führt zu einer harmonischen Einheit. Gutes und sicheres Reiten bedeutet zusätzlich für beide Partner aktiven Gesundheitsschutz. Wenn die natürlichen Wesens- und Körpersysteme von Pferd und Reiter bei der Methodik des Unterrichts bedacht werden, wirkt der Reiter nicht gegen das Pferd und umgekehrt. Wenn das Pferd sich gemäß Reitlehre, die von der Natur des Pferdes abgeleitet ist, bewegen darf, übertragen sich seine Bewegungen fließend auf den Reiter. Auf diese Art und Weise bleiben beide über Jahre gesund und leistungsfähig!

Must haves im Sattel

Es gibt einige Übungen, die Ihr Pferd und Sie beherrschen sollten, um Ihren gemeinsamen Alltag sicherer und harmonischer zu gestalten.

1. Das ruhige, minutenlange(!) Stehenbleiben-können Ihres Pferdes

Dies ist hilfreich zum sicheren Aufsteigen, zum Jacke an- und auszuziehen, um die Decke zu richten, wenn Sie eine vielbefahrene Straße überqueren möchten und so fort. Es zeigt aber auch, dass das Pferd sich unter

Machen Sie doch einmal Pause! Achten Sie darauf, dass Ihr Pferd ruhig stehenbleiben kann und dies auch einmal minutenlang.

Ihnen und mit seiner bevorstehenden Aufgabe wohlfühlt und sich entspannen kann. Üben Sie das sichere Halten zunächst vom Boden aus in den unterschiedlichsten Situationen. Gerade junge Pferde haben oftmals noch keine große Toleranz gegenüber dem ruhigen Stillstehen. Akzeptieren Sie die Geduldsgrenze des Pferdes und dehnen Sie die Zeitspanne des (Ab-)Wartens langsam aus. Achten Sie darauf, selbst ganz entspannt zu sein und eine Pausenstimmung auszustrahlen. Hiernach legen Sie auch unter dem Sattel immer wieder längere Pausen im Halten am hingegebenen Zügel ein.

2. Sicher aufsitzen mit Aufsteighilfe

Mit dem ruhigen Halten geht das sichere Aufsteigen unmittelbar einher. Allzu oft ist es schon geschehen, dass der Reiter im Bügel hängenblieb oder gar hinter dem Sattel zum Sitzen kam, weil das Pferd plötzlich die Flucht ergriff. Ein gefährliches Unterfangen! Auch gibt uns das Pferd in diesen Momenten ganz klar zu verstehen, was es von uns und dem Gerittensein hält! Um es sich und dem Pferd so leicht (und damit so sicher) wie möglich zu machen, sollten Sie immer von einer Aufsteighilfe aufsitzen. Dadurch schonen Sie den Pferderücken und verhindern ein Verrutschen des Sattels, zudem gestaltet es sich leichter

Schonen Sie den Rücken Ihres Pferdes und nutzen Sie stets eine Aufsteighilfe zum Aufsitzen.

wegen. Macht das Pferd nur einen Schritt auf Sie zu, setzen Sie sofort mit der Hilfengebung aus, lassen Sie die Gerte noch einen Augenblick ruhig liegen und loben Sie Ihr Pferd ausgiebig. Funktioniert die Übung auf beiden Händen sicher, üben Sie sie im freien Raum und erst dann an der Aufsteighilfe. Ziel ist immer ein ruhiges Stehenbleiben beim Aufsitzen am hingegebenen Zügel und ein Abwarten des Pferdes, bis Sie das Zeichen zum Anreiten geben. Ein Leckerli nach dem Aufsitzen lässt das Pferd den Prozess mit etwas Angenehmen verbinden.

für das Pferd, die Balance zu halten. Sie können das Pferd aktiv am Aufsteigprozess beteiligen. Nachdem es respektvoll gelernt hat, einer Berührung der Gerte zu weichen, anfangs von Ihnen weg, werden Sie es nun dazu animieren, auch auf Sie zuzukommen und an der Aufsteighilfe „einzuparken". Beginnen Sie diese Übung zunächst auf dem Hufschlag. Positionieren Sie sich schräg seitlich neben dem Kopf des Pferdes und drehen Sie sich gegen die Bewegungsrichtung. Führen Sie mit der dem Pferd abgewandten Hand Ihre Gerte über die Kruppe des Pferdes und legen Sie diese dort ab. Warten Sie einen Moment, bevor Sie beginnen, die Hinterhand des Pferdes durch kleine, sanfte und rhythmische Impulse zum Weichen auf sich zu zu be-

3. In diese Richtung soll es gehen!

Pferde sind Herdentiere und werden nicht gerne von ihren Gruppenmitgliedern getrennt. Hat Ihr Pferd Sie als seine Vertrauensperson akzeptiert, wird ihm dies jedoch sehr viel leichter fallen. Situationen wie das Wegreiten vom Stall, das Trennen der Gruppe bei einem Ausritt oder das Vorbeireiten an einer Weide mit anderen Pferden lässt sich wunderbar üben. Beginnen Sie auch hier vom Boden aus. Sie können in dieser Situation beispielsweise durch Aufmerksamkeitsübungen wie dem wiederholten Anhalten und Losgehen, Tempounterschieden oder Rückwärtsrichten den Fokus des Pferdes wieder auf sich richten. Gehen Sie immer wieder nur ein kleines Stück vom Stall weg, bis das Pferd dies einen Augenblick ruhig akzeptieren kann. Dann kehren Sie sofort wieder um und dehnen den Radius zunächst nur langsam aus. Sie können sich auch mit einer Stallkollegin zum gemeinsamen Spaziergang verabreden und gezielt das Einschlagen eines getrennten Weges (zunächst nur für eine kurze Zeitspanne) üben. Achten Sie darauf, dass sich das Pferd bevor(!) Sie wieder zurück zu seinem Wohlfühlort gehen, einen kurzen Moment entspannt haben sollte, da sonst seine Unruhe „Erfolg" hatte. Viele Spaziergänge zu einem angenehmen Ort beispielsweise zu einem tollen Platz zum Grasen gestaltet die Zeit mit Ihnen für Ihr Pferd attraktiver. Gemeinsame Ausflüge fördern das Vertrauensverhältnis. Gelingen all diese Übungen an der Hand, können Sie nach und nach diese Herausforderungen auch unter dem Sattel annehmen. Sollten Sie sich hierbei jedoch unwohl fühlen, ist es sicherer, abzusteigen und das Pferd an diesem Tag lieber noch einmal zu führen.

4. Ruhig Brauner!

Seien Sie auch und gerade in für das Pferd anspruchsvollen Situationen stets geduldig und bereit, lieber einen Schritt zurückzugehen, um ihm diese zu erleichtern. Sorgt sich das Pferd oder zeigt es Angst, können

Dressur für Viereck & Gelände

Ein Text von Dr. Britta Schöffmann

Dressurarbeit hat nichts mit Dressieren zu tun und auch nicht unbedingt mit Turniersport. Dressurarbeit ist zunächst einmal körperliches und mentales Training fürs Pferd und Voraussetzung für eine möglichst feine und harmonische Kommunikation vom Sattel aus. Wer ein Pferd reiten möchte, muss sich nämlich darüber im Klaren sein, dass er es durch eine entsprechende Ausbildung überhaupt erst in die Lage versetzen muss, einen Reiter auf seinem Rücken zu tragen, ohne dabei eigenen körperlichen oder psychischen Schaden zu nehmen. Und genau das ist der Sinn von Dressurarbeit. Die Lektionen und Übungen, die dazu verwendet werden, sind also Mittel zum Zweck – und nicht der Zweck selbst. Sie alle helfen dabei, das Pferd auch unter seinem Reiter ins Gleichgewicht zu bringen, seinen Rücken zu stabilisieren, seine Gelenke zu entlasten und die reiterliche Hilfengebung immer besser zu verstehen und umsetzen zu können.

Während es im Dressursport mit ansteigendem Leistungsniveau um die Qualität der Ausführung von immer anspruchsvolleren Lektionen geht, machen vor allem alle Grundlagenlektionen auch Sinn für den rei-

Frau Dr. Britta Schöffmann ist Sportwissenschaftlerin, Autorin, Ausbilderin, ehemalige Grand Prix-Reiterin und Richterin. Sie bildet Reiter und Pferde bis in die höchsten Klassen aus, ist aber bekannt dafür, jeden genau auf dem Leistungsstand abzuholen, wo er sich gerade befindet. Für die verständnisvolle Art der Ausbildung von Pferd und Reiter wurde sie 2012 mit dem „Fair zum Pferd-Tipp" ausgezeichnet.

Britta Schöffmann

nen Freizeitreiter. Das korrekte Halten zum Beispiel – in einer Dressuraufgabe soll es auf gerader Linie geschlossen auf allen vier Beinen gleichmäßig belastend gelingen. Außerdem ist Unbeweglichkeit ein Kriterium guten Haltens. Und letzteres ist auch für den Freizeitreiter wichtig – an der Ampelkreuzung, beim Aufsitzen im Gelände oder während des Wartens auf andere Mitreiter. Ein unruhiges Pferd, das gelassenes Stehen nicht gelernt hat und unruhig herum hampelt, kann nervtötend bis gefährlich sein. Sicheres Durchparieren zwischen den Gangarten, in Dressurprüfungen als „Übergänge" sogar separat benotet, sind nicht nur ein Garant für harmonisches Reiten, sie können beim Ausritt im Notfall sogar lebenswichtig sein. Rückwärtsrichten, Wendungen um die Voroder Hinterhand, seitliches Verschieben, all das sind Übungen, die in jeden reiterlichen Alltag gehören (können). Erarbeitet werden

sie im heimischen Dressurtraining, denn feine Einwirkung des Reiters und umgehendes Reagieren des Pferdes wollen (von beiden Parteien) gelernt sein. Erst über einen ausbalancierten, ruhigen Reitersitz lassen sich nämlich die reiterlichen Hilfen so genau und gezielt setzen, dass das Pferd sie mit der Zeit begreifen und wie gewünscht reagieren kann, egal in welcher Situation es sich gerade befindet. Sich reiterlich zu verbessern ist folglich keine Frage von „Dressurreiten", „Springreiten" oder „Freizeitreiten", es ist eine Frage von Achtung vor dem Pferd und Sicherheit für Pferd und Reiter. Gutes Reiten ist deshalb nach wie vor der beste Tierschutz, gute Einwirkung und das Wissen um die Natur des Pferdes der beste Schutz vor unerwünschten Zwischenfällen. In diesem Sinne sollten Dressurstunden in jeden reiterlichen Wochenplan gehören – und zwar über Jahre. Denn „Reiten lernen light" gibt es nun mal nicht.

Spüren Sie, dass Ihr Pferd unruhig oder ängstlich wird, können Sie ihm im Halten die Hand beruhigend auf den Hals legen. Atmen Sie dabei tief durch und bleiben Sie entspannt. Diese Ruhe wird sich auch auf Ihr Pferd übertragen.

Sie das Spiel „einen Schritt vor und einen zurück", wie im Kapitel über das Verladen beschrieben, natürlich auch unter dem Sattel anwenden. Setzen Sie das Pferd nicht unter Druck, sondern lassen Sie es die Situation betrachten, legen Sie ihm beruhigend eine Hand auf seinen Hals und sprechen Sie mit ihm in einer ruhigen Tonlage. Weiter gestaltet es sich als sinnvoll, wenn ein sicheres Führpferd vorausgeht oder Sie absteigen und Sie sich beide die „Gruselstelle" anschauen. Je ruhiger und souveräner Sie agieren, desto schneller wird sich das Pferd entspannen.

5. Ein Schritt zurück ist noch lange kein Rückschritt

Auch beim Reiten gibt es immer wieder Tage, an denen so gar nichts klappen mag. Hier heißt es: Ruhe bewahren! Halten Sie Ihr Pferd an, geben Sie die Zügel hin und atmen Sie zunächst einmal tief durch. Analysieren Sie die Situation und stellen Sie sich die Frage: Was kann ich verbessern, damit mein Pferd mich versteht?

Dies ist viel sinnvoller als mit dem Pferd eine Konfliktsituation heraufzubeschwören, die das Vertrauensverhältnis und einen Lernfortschritt sicher negativ beeinflussen würde. Denken Sie immer daran, Ihrem Pferd kein absichtsvolles Handeln zu unterstellen. Es geht zwischen Pferd und Mensch nicht um ein Gewinnen oder Verlieren, sondern darum, dem Pferd seine eigenen Wünsche so verständlich und klar wie möglich zu erklären.

Kehren Sie hierbei lieber zur Basis zurück und prüfen Sie, ob das Pferd all die Schritte hin zu einer neuen Übung wirklich verstanden hat.

Sie sollten dieses Vorgehen niemals als Rückschritt missverstehen, sondern die Ausbildung Ihres Pferdes wie ein Spiel betrachten, in dem es einmal mehr nach vorn und einmal eben wieder ein Stück zurückgeht – wie im „richtigen" Leben auch. Weder bei uns Menschen noch beim Pferd gibt es eine kontinuierliche Lernkurve, die stets nach oben geht. Einiges braucht mehr Zeit, um verarbeitet zu werden, anderes weniger und manchmal muss man zurückgehen, um etwas tiefgründiger zu begreifen. Je umsichtiger Sie mit Ihrem Pferd agieren, desto schneller und freudiger wird es mit Ihnen gemeinsam lernen.

Das Pferd ist und bleibt auch unter dem Sattel ein Fluchttier

Die Erfahrung zeigt, dass ein Pferd von Natur aus ein gutmütiges, neugieriges, dem Menschen zugewandtes Lebewesen ist – solange es mit diesem keine schlechten Erfahrungen verknüpft. Wird schon in der Kommunikation am Boden auf eine feine und dem Tier klar verständliche Hilfengebung geachtet, verläuft das Anreiten in einem angemessenen Alter (entwicklungsbedingt zwischen vier und sechs Jahren) mit einem individuell gestalteten gut durchdachten Trainingsaufbau meist ganz unproblematisch und harmonisch. Erfolgt dann die weitere Ausbildung entsprechend der Anatomie und Biomechanik des Pferdes behutsam und ohne Zwangsmaßnahmen, so trägt ein solches Pferd seinen Reiter entspannt und motiviert. Man bedenke dennoch, dass der Sattel immer in einer Raubtierposition fest liegt.

Achten Sie auf einen fairen Umgang mit Ihrem Pferd. Ausbildungsschwierigkeiten lassen sich nicht mit einer „Aufrüstung" in Bezug auf die Ausrüstungsutensilien lösen.

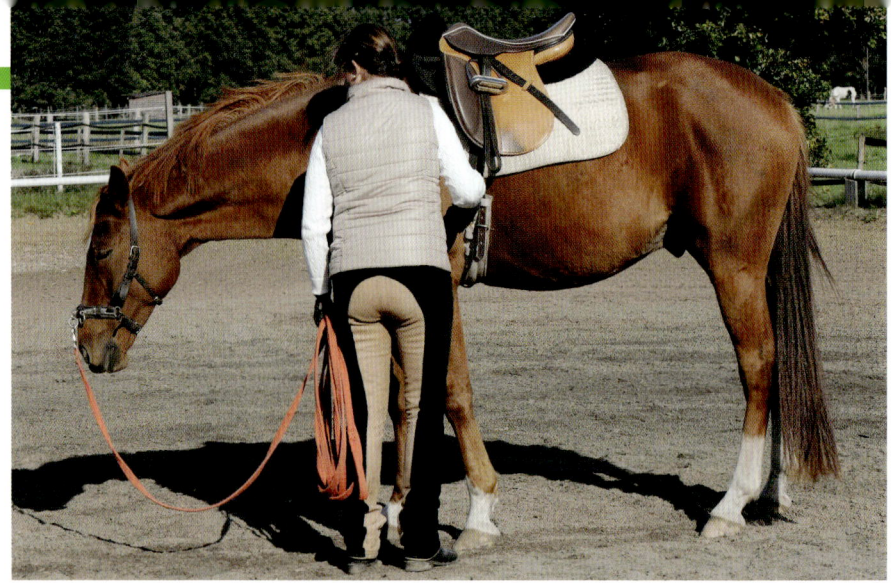

Für das junge Pferd ist das Auflegen des Sattels etwas anderes als das Angurten. Trennen Sie in der Gewöhnungsphase beides voneinander und erarbeiten Sie das Satteln Schritt für Schritt.

Die meisten Abwehrreaktionen wie Steigen oder Bocken sowie Fluchtreaktionen wie das Durchgehen sind häufig die Folge von Überforderung und unachtsamer Ausbildung.

Sie haben ihren Ursprung in Schmerzen beim Pferd, in einem Nichtverstehen dessen, was der Reiter von ihm möchte oder in brutalen Ausbildungsmethoden, in denen das Pferd dann tatsächlich das „Raubtier im Nacken hat".

Aber auch unpassendes Sattel- und Zaumzeug, ein schlecht sitzender oder ängstlicher, unsicherer Reiter, der sich im Sattel verkrampft, mit den Beinen den Pferdebauch umklammert und die Zügel viel zu fest angespannt hält, ist dem Pferd unangenehm und suggeriert ihm im schlimmsten Fall, das Gefahr im Verzug ist.

Vergessen Sie nicht: Ein Pferd lernt in jeder Sekunde. Findet es eine Situation beängstigend für Leib und Leben, weil es beispielsweise vom Reiter mithilfe von Schlaufzügeln und Sporen „untergeordnet" werden soll und rettet es sich aus dieser peinigenden Situation durch Bocken und Ausschlagen und kann den Reiter abwerfen, dann erfährt es einen „Lernerfolg". Dieser manifestiert sich bereits nach sehr wenigen Wiederholungen oftmals derart, dass Unreitbarkeit und Bosheit diagnostiziert werden und ein schwer gestörtes Pferd mit massiven Menschenproblemen zurückbleibt. Fassen wir noch einmal zusammen: *Wir* sind in die Welt des Pferdes eingetreten und oktruieren ihm *unsere* Wünsche auf. Solange wir dies in einer fairen Art und Weise tun, sind Pferde auch weiterhin gerne mit uns zusammen.

Arbeiten wir jedoch wissentlich oder unwissentlich gegen das Pferd und zeigt dies Abwehrreaktionen, die zum Teil nur ganz subtil mit einem Kopfschlagen beginnen können und achten wir infolgedessen nicht darauf, die Ursache zu beheben, werden die Geister die wir riefen bald ein unkalkulierbares, teilweise höchst gefährliches Risiko. Letztendlich ist das Pferd hierbei nicht(!) schuld. Wir alle – Vorbilder und Trainer, Reiter und Pferdefreunde, reiterliche Institutionen, Tierschutzbeauftragte, jeder einzelne von uns – sollten wachsam sein und sorgsam über eine artgerechte Haltung sowie ein pferdefreundliches gutes Training wachen.

Sicherheit versus Leichtsinn – das eigene Können realistisch einschätzen

Viele Unfälle und Disharmonien zwischen Mensch und Pferd sind vermeidbar, wenn der Reiter gelernt hat, sein Können und das seines Pferdes realistisch einzuschätzen. Doch gerade dies fällt einem Reiterneuling aufgrund mangelnder Kenntnis oft schwer.

Ausbilder und auch die fortgeschrittenen Reiter sind hier in ihrer Vorbildfunktion gefragt, dem Neuling hilfreich zur Seite zu stehen. Die intensive Beschäftigung mit dem Pferd, das Orientieren an den „richtigen" Vorbildern und das Studieren von Fachliteratur sind einige der wichtigsten Eckpfeiler, um aus dem eigenen Verständnis heraus die richtigen Entscheidungen für sich und sein Pferd zu treffen.

Reiten verlangt auch einmal Klarheit, Durchsetzungsvermögen und Mut, und jeder Mensch geht anders mit Herausforderungen um. Es ist manchmal ein schmaler Grad zwischen Mut und Leichtsinn. Ein leichtsinniges Verhalten jedoch ist niemals zu tolerieren, da es nicht nur alle Beteiligten in Gefahr bringen sondern zu Disharmonien und einem Vertrauensverlust zwischen Pferd und Reiter führen kann. Tasten Sie sich in der Pferdeausbildung zwar entspannt, aber doch umsichtig an Ihrer beider Grenze heran, spielen Sie mit dieser und beobachten Sie dabei genau die Reaktionen Ihres Pferdes, um das richtige Handeln für sich daraus abzuleiten. Ist Ihr Pferd nur aufmerksam in der neuen Situation oder gewinnt die Angst die Oberhand? Ist es in der Lage, das Geforderte aufgrund seiner bisherigen Ausbildung bereits zu leisten? Werfen Sie Ihr Pferd bitte nicht ins sprichwörtliche kalte Wasser, sondern bereiten Sie jede Situation, jede Aufgabe gut strukturiert und logisch vor, sodass es gar nicht erst zu Überforderungszuständen, Angst oder Widersetzlichkeiten kommt. Erkennt Ihr Pferd, dass Ihre Aufgaben immer ausführbar sind – wird es Ihnen auch vertrauen, wenn Sie anspruchsvollere Dinge von ihm verlangen, es wird bereit sein, „über seinen Schatten zu springen" und Sie werden beide stolz über das Erreichte sein können.

Fair zum Pferd – auch vom Sattel aus!

Fairness sollte sowohl am Boden als auch vom Sattel aus selbstverständlich sein. Denken Sie daran, dass der Pferdrücken von Natur aus nicht zum Tragen eines (Reiter-)gewichts gebaut ist. Das erste Ziel des Reiters sollte daher sein, dass ihn sein Pferd ohne körperliche Schäden ein (Pferde-)Leben lang tragen kann. Die Elemente der Ausbildungsskala Takt, Losgelassenheit, Anlehnung, Schwung, Geraderichtung und Versammlung dienen dabei als Leitfaden für eine korrekte Ausbildung. Sie bauen nicht nur aufeinander auf, sondern bedingen sich gegenseitig, um auf dem Weg nach der Gewöhnungsphase die Schub- und Tragkraft zu entwickeln.

Weiter gilt es in der Ausbildung des Pferdes stets auf ein korrektes Gleichgewicht und eine Durchlässigkeit gegenüber den reiterlichen Hilfen zu achten.

Die Ausbildung eines Pferdes dauert viele Jahre und der Weg dorthin wirkt für viele Reiter von außen gesehen oft unspektakulär. Bei einem guten Ausbilder sieht alles von Anfang an so ruhig, leicht und spielerisch aus – doch die feine Abstimmung zwischen Pferd und Reiter, bis man das wundervolle Gefühl eines durchlässigen Reitpferdes erspüren kann, ist höchst anspruchsvoll und man benötigt dafür eine gehörige Portion Geduld und eben viel Zeit. Der Reiter muss lernen abzuwarten, bis das Pferd durch einen sinnvollen gymnastischen Aufbau in der Lage ist, ihn „in seinen Rücken zu lassen". Erst dann entsteht der Eindruck, das Pferd und Reiter scheinbar miteinander verschmolzen sind. Um dieses Ziel zu erreichen, muss das Pferd seinen Reiter gerne tragen und sich mit seinen Aufgaben wohlfühlen. Ein durchlässiges Pferd lässt den Reiter in seinen fließenden Bewegungen weich sitzen, es behält eine zweckmäßige Kopf-Hals-Positionierung bei und die Gangqualität bleibt erhalten, ja, sie verbessert sich sogar – es beginnt zu „strahlen".

Sehr viele Abwehrreaktionen wie unter anderem Triebigkeit (oft als Faulheit des Pferdes missverstanden), Bocken, Steigen oder Blockieren haben ihre Ursache in einer Fehlhaltung des Pferdes. Weiter können unter anderem ein Weglaufen vor dem Schenkel, ein schief gehaltener Schweif, ein verworfenes Genick, Anlehnungsschwie-

Sagen Sie Ihrem Pferd immer wieder „Danke!", dass es Sie durch die Welt trägt.

rigkeiten oder ein nicht Stillstehen beim Aufsitzen sowie Taktstörungen bis hin zu massiven Taktfehlern oder ernsthaften Krankheitsbildern wie Kissing Spines, Sehnenschäden – insbesondere am Fesselträger oder Hufrollenerkrankungen durch falsche Über-/Belastung Zeichen für eine nicht korrekte Ausbildung sein.

Es ist erschreckend, welche enormen physischen und psychischen Schäden nur eine einzige Stunde Reiten am Tag beim Pferd verursachen kann. Hier wird unsere Verantwortung dem Pferd gegenüber deutlich und warum es so wichtig ist, ihm eine klassisch korrekte Grundausbildung, vor einer weiteren Spezialisierung in einer bestimmten Sparte, angedeihen zu lassen. Achten Sie in Ihrem täglichen Training darauf, ob Ihr Pferd freudig mitarbeitet und

sich losgelassen bewegt. Hierbei machen vor allem die „Kleinigkeiten" später das große Ganze aus: Kann sich Ihr Pferd jederzeit in eine Dehnungshaltung begeben? Behält es dabei auch beim Aufnehmen eine weiche Anlehnung in allen Gangarten bei? Sind die Übergänge innerhalb und zwischen den Gangarten weich und harmonisch und stets im Fluss? Lässt sich Ihr Pferd gut aussitzen und ist ein entspannter Schritt am hingegebenen Zügel jederzeit möglich? Dann befinden Sie sich auf einem guten Weg! Ein abwechslungsreiches Training im Gelände, Stangen- oder Cavalettiarbeit, die Arbeit an der Hand oder das maßvollen Longieren am Kappzaum sorgen für Abwechslung und können die horizontale Balance ebenfalls fördern und unterstützen.

Reiten lernen – mit Verantwortung und Freude

Wer einmal Freude beim Lernen gefühlt hat, der wird nicht nur die Inhalte ein Leben lang behalten, sondern auch immer wieder Lust darauf haben, Neues zu erfahren. Dies empfinden Pferd und Mensch oft gleichermaßen.

Die Auswahl der Reitschule ...

Bei der Auswahl einer geeigneten Reitschule sollten einige ganz elementare Bedingungen erfüllt sein, damit Sie und Ihr Pferd zu einem harmonischen Miteinander finden und der Prozess des gemeinsamen Lernens unterstützt wird. Die Reitanlage, auf der sich Mensch und Pferd bewegen, spielt hierbei eine wesentliche Rolle, ebenso wie Ihr Ausbilder, andere Pferdebesitzer sowie die Schul- oder Lehrpferde, auf denen Sie reiten lernen. All dies sind Faktoren, die über Erfolg oder Misserfolg, Freude oder Frustration und nicht zuletzt über Lernfortschritt oder Stagnation entscheiden können.

Bei der Auswahl Ihrer Reitschule oder eines Stalls für Ihr Pferd sollten Sie sich von einigen objektiven Kriterien leiten

Auf einer pferdegerechten Anlage, auf der ein freundliches Miteinander gepflegt wird, fühlen sich Pferde und Reiter rundum wohl.

lassen – aber nicht zuletzt auch auf Ihr Bauchgefühl hören. Wie ist die Atmosphäre in einem Stall? Wie wirken die Pferde – ruhig und zufrieden, ihre Umgebung aufmerksam beobachtend oder unruhig, vielleicht gar müde und lethargisch? Wie findet der Reitunterricht statt – wie ist der Umgangston zwischen den Reitern und Einstellern und wie gehen sie mit ihren Pferden um? Bei all diesen Fragen geht es um Ihre gemeinsame Sicherheit, um Ihrer beider Gesundheit und nicht zuletzt um Ihren Lernerfolg, damit Sie und Ihr Pferd – sollten Sie ein eigenes haben –

sich in Ihrem neuen Zuhause rundherum wohlfühlen können.

Eine Investition die sich lohnt!

Eine sehr gute Reitschule mit einem ebensolchen Ausbilder, in der auf die Bedürfnisse von Pferd und Mensch eingegangen wird, damit sich beide auch beim Lernen wohlfühlen und Spaß haben, ist jeden Cent wert. Bedenken Sie, dass in einer gepflegten Anlage mit den Möglichkeiten zur artgerechten Haltung, fein ausgebildeten Lehrpferden und einem sich stets weiterbildenden, professionellen Ausbilder viel Zeit und viele (eigene) Investitionen stecken. Sowohl was die finanziellen Aufwendungen dafür betrifft als auch die eigene Intension und der persönliche Anspruch, gut für Mensch und Tier zu sorgen. Das wird sich in den Preisen, die für guten Unterricht oder die Pension die für den geliebten Vierbeiner verlangt werden, berechtigterweise zeigen.

... und des Ausbilders

Bis vor wenigen Jahren war ein Reitlehrer überwiegend im ortsansässigen Reitverein tätig und betreute dort Reiteinsteiger auf Schulpferden und Kunden mit eigenem Pferd. Gepflegt wurde vor allem eine Ausbildung, die auf die klassische Dressur auch als Grundlage für das Springen oder Geländereiten zurückging. Die Ausbildungsrichtlinien der Deutschen reiterlichen Vereinigung (FN) stellten und stellen das Regelwerk dazu dar. Im Vergleich dazu besteht heute eine große Bandbreite an unterschiedlichsten Ausbildungsmethoden und Trainern jeglicher Couleur, welche zumeist mobil unterwegs sind und Ihre Kunden in den verschiedenen Ställen betreuen. Der große Vorteil dieser Variabilität liegt darin, dass für jeden Reiter „etwas" dabei ist. Die unterschiedlichen Reitweisen und Ausbildungsmethoden bieten die Chance,

einen für sich und das eigene Pferd ganz individuell „passenden" Ausbilder und Ausbildungsweg zu finden, selbst wenn das Pferd in einem kleinen Privatstall untergebracht ist. Andererseits birgt diese Fülle auch die Gefahr der Unübersichtlichkeit und es fällt vielen Reiteinsteigern und sogar versierteren Reitern schwer zu erkennen, ob ein Ausbilder, sei es mit oder ohne Trainerschein, einen reellen und pferdefreundlichen Ausbildungsweg beschreitet. Unterrichten darf nach gängigem Recht jeder, der sich dazu berufen fühlt und den ein Pferdebesitzer oder ein Reitverein als geeignet ansieht. Unter dem Dachverband der FN wird in Deutschland die dreijährige staatlich anerkannte

Ein Ausbilder der seine Schüler auf ihrem (reiterlichen) Weg unterstützt, sollte stets einen pferdefreundlichen Umgang fördern.

Ausbildung zum Pferdewirt in den Fachrichtungen Klassische Reitausbildung, Pferdehaltung und Service, Pferderennen, Pferdezucht sowie Spezialreitweisen angeboten. Auch gibt es verschiedene Weiterbildungslehrgänge für den Erwerb einer Trainerlizenz für (Amateur-)Reitlehrer in den Kategorien C, B und A – für die unterschiedlichsten Sparten der Reiterei – jedoch ist dies nach wie vor keine Garantie für einen qualifizierten, pferdefreundlichen Unterricht und diese kann es allein auf der Grundlage einer Ausbildung auch gar nicht geben. Ja, es gibt sogar sehr viele Ausbilder ohne einen solchen Abschluss, die selbst bei ausgezeichneten Trainern lernen durften und ihr über die Jahre angeeignetes Wissen auf hervorragende Art und Weise an Ihre Kunden weitergeben. Sie selbst müssen also letztlich entscheiden, wem Sie sich (und Ihr Pferd) anvertrauen. Im Folgenden sollen einige Kriterien aufgezeigt werden, die einen guten Ausbilder ausmachen und wie Sie ihn erkennen können.

Was zeichnet einen guten Ausbilder aus?

Ganz unabhängig davon, in welchem Bereich des Pferdesports Sie und Ihr Ausbilder aktiv sind – das Wohlergehen des ihm anvertrauten Tieres sollte für ihn immer

„Man kann einen Menschen nichts lehren, man kann ihm nur helfen, es in sich selbst zu entdecken."

Galileo Galilei

im Vordergrund stehen. Der Ausbilder erfüllt hierbei vor allem in Bezug auf sein Verhalten und den respektvollen Umgang mit den ihm anvertrauten Lebewesen für seinen Schüler eine große Vorbildfunktion. Dies bedeutet unter anderem, dass er sich mit der Psyche und der Physis des Pferdes intensiv auseinandergesetzt hat. Kenntnisse im Bereich der Ethologie des Pferdes sowie der Anatomie und Biomechanik im Zusammenhang mit der Reitlehre sind ihm keine Fremdworte und Bestandteil seines Unterrichts. Neben der reiterlichen Förderung spielt für einen guten Ausbilder das „Verstehen-Wollen" des Pferdes im Unterricht eine übergeordnete Rolle. Es ist ihm ein Herzensanliegen, seine Schüler in dem Beobachten der Pferde, dem Studieren ihres Verhaltens und in einem pferdefreundlichen Umgang anzuleiten. Elemente der Arbeit am Boden wie beispielsweise Führübungen auf feinste Signale hin sollten fester Bestandteil der Ausbildung sein. Die Passgenauigkeit

Zwei, die sich vertrauen – auch in der Beziehung zwischen Pferd und Mensch sind die Grenzen des Möglichen nach oben offen.

der Ausrüstung, Kenntnisse über einen guten Fütterungs- und Gesundheitszustand sowie Zusammenhänge zwischen Körperbau, Hufstellung und Bewegungsmechanik unter dem Reiter sind vorhandenes Wissen, das der Ausbilder direkt oder indirekt in den Unterricht mit einbezieht. All diese Aspekte unterstützen den Schüler darin zu erkennen, warum und wann ein Pferd auf die ein oder andere Art und Weise reagiert und wie er mit den unterschiedlichsten Situationen umgehen kann. So lernt er, gefährliche Begebenheiten für sich selbst, sein Pferd und für das Umfeld sowie große Disharmonien, die die Beziehung zwischen Pferd und Mensch nachhaltig negativ beeinflussen würden, zu vermeiden.

Auf den Bauch gehört – was uns unser Gefühl verrät

Neben der rein rationalen Abwägung, ob eine Situation für Sie und Ihr Pferd förderlich ist oder nicht, sollten Sie auch auf Ihr Bauchgefühl hören. Spüren Sie hierbei in sich hinein, denn Ihre Intuition, Ihr Bauchgefühl oder auch die „Stimme in Ihrem Kopf" zeigen oftmals genauer an, als es Ihr Verstand im Moment erfassen kann, ob etwas gut oder weniger gut für Sie und Ihr Pferd ist.

Ganz gleich, ob es sich um Ihren Ausbildungsweg handelt, um einen bestimmten Ausbilder oder um ein fremdes Pferd, welches Sie reiten sollen: Hören Sie, unabhängig davon, auf welchem Ausbildungsniveau

Sie sich befinden, immer auf Ihr ganz eigenes Gefühl. Lernen Sie, Ihr individuelles (Lern-)Tempo und das Ihres Pferdes einzuschätzen. Kommt Ihnen im Unterricht etwas „spanisch" vor?

Dann hinterfragen Sie es. Ein guter Ausbilder sollte alle Ausbildungsschritte und Anweisungen verständlich erklären können. Bleiben die gewünschten Antworten aus, sind nicht nachvollziehbar oder geht der Reitlehrer gar ungerecht und grob mit Ihrem Pferd um, dann dürfen Sie selbstbewusst auftreten und sich gegen eine solche Behandlung entscheiden. Sagen Sie „Stopp!" und schützen Sie Ihren vierbeinigen Freund, denn Vertrauen ist leichter zerstört als aufgebaut!

Möchten Sie ein Ihnen fremdes Pferd reiten oder werden Sie gefragt, ob Sie sich nur einmal ganz kurz draufsetzen können, dann spüren Sie ganz besonders genau in sich hinein!

Fühlen Sie sich vorab oder währenddessen nur ein kleines bisschen unwohl – hören Sie auf Ihr Gefühl und steigen Sie ab oder gar nicht erst auf! Lassen Sie sich ein fremdes Pferd immer von seinem bisherigen Reiter vorreiten, beobachten Sie es hierbei und stimmen Sie sich zunächst einmal am Boden beispielsweise durch Führübungen ein. Schaffen Sie zunächst eine gegenseitige Vertrauensbasis mit dem Ihnen unbekannten Pferd.

Mögliche Wege aus der Angst – mentales Training für Reiter

Ein Text von Dr. Gaby Bußmann

Es mag ja niemand so recht zugeben, aber im Umgang mit dem Pferd gibt es Situationen, in denen es uns mulmig wird, wir uns unwohl fühlen, unter Stress geraten und im schlimmsten Falle Angst bekommen. Angst ist etwas sehr Menschliches und gehört zu unserer „Basisausstattung" an Gefühlen. Sie ist durchaus hilfreich, weil sie uns aufmerksam macht, risikoreiche Aktionen vermeiden lässt und dafür sorgt, dass wir handlungsfähig bleiben. Zu viel Angst aber blockiert und lähmt. Sie lässt sich nicht durch Verdrängung mindern. Im Gegenteil, es ist wie mit allen Gefühlen: Sie will gesehen und wahrgenommen werden.

Die erste Hilfe kann schon sein, wenn ich mir eingestehe: „Ich habe Angst". Eine noch größere Wirkung kann eintreten, wenn ich mit einer Vertrauensperson spreche. Es ist erstaunlich, wie befreiend dies ist. Angstmuster lassen sich durch bestimmte Übungen unterbrechen. Geeignete Techniken sind Gedankenstopp und Entspannungsübungen gekoppelt mit der Vergegenwärtigung der eigenen Stärken inklusive der „Pferdestärken" und positiven Leitsätzen. Ich kann auch die Erinnerungen an gute Trainingseinheiten und Ritte nutzen. Man kommt in eine angemessene psychophysiologische Verfassung und das Nervensystem sucht eher erfolgsassoziierte Erinnerungen, statt sich auf mögliche Katastrophen und Fehler zu konzentrieren. Ich komme wieder an die richtige Software meines mentalen Computers.

So seltsam es klingt: Ich kann im Selbstgespräch mit meiner Angst einen Handel eingehen, damit ich sie für eine bestimmte Zeit los bin. Kritische Selbstgespräche lösen oft Ängste aus. Positiver Self-Talk hingegen hilft, mit schwierigen Situationen gut umzugehen und sollte an die Stelle des inneren Zweiflers treten. „Wir schaffen das und haben Spaß bei dem Ritt"; „Wir sind gut und zeigen hier und jetzt, was wir können". Solche Slogans motivieren!

Durch das wiederholte gedankliche und emotionale Durchlaufen schlechter Erlebnisse entwickelt sich Angst, es kommt zu Verkrampfungen und Denkblockaden. Die Szenario-Technik beschreibt eine Vielfalt möglicher Ergebnisse. Ich stelle mir dazu drei Ereignisse möglichst detailliert vor: das beste (Best-Case-Szenario), das schlechteste (Worst-Case-Szenario) und das realistischste Szenario (Trend-Szenario). Das gedankliche Durchlaufen von drei Szenarien statt eines Szenarios hilft, eine erweiterte, angemessene Perspektive zu entwickeln. Ich überlege, wie ich in allen drei Situation am sinnvollsten reagiere. Dabei nutzen Erfahrungen: Wie habe ich in einer vergleichbaren Situation reagiert und was hat sich bewährt? Durch die Auswertung unterschiedlicher Möglichkeiten schaffe ich einen größeren Handlungsspielraum. Durch die Szenario-Technik wird strategisches Denken und die Sensibilität für zukünftige Ereignisse unterstützt.

Humor kann Ängstlichkeit zumindest kurzfristig minimieren, da Lachen und Angst widersprüchliche Gefühlszustände sind. Witziges ist dabei mehrfach hilfreich: Lachen ruft Glückshormone hervor, viele Gesichtsmuskeln und die Kiefergelenke lockern sich. Damit wirkt Lachen gegen mentale und körperliche Verbissenheit. Positive Emotion unterdrückt negative Emotion. Bei der sogenannten „kognitiven Distraktion" (geistigen Ablenkung) wird für das Begreifen eines Scherzes oder Witzes geistige Kapazität gebraucht. Diese Kapazität steht dann nicht mehr für ängstliches Zweifeln bereit. Das funktioniert aber nur, wenn der Witz zu der Person passt. Über Komik und Witz erfolgt ein Perspektivwechsel, dies kann entsprechend zur Angstreduktion genutzt werden.

Große Verantwortung – Kinder und Pferde

Pferde faszinieren schon die Allerkleinsten und lassen Kinderherzen höher schlagen. Es gibt sicher nur wenige Eltern, die sich mit dem Wunsch ihres Kindes „Ich möchte reiten lernen!" nicht früher oder später konfrontiert sehen. Unmittelbar mit diesem Wunsch einhergehend ist bei den meisten Eltern jedoch auch die Frage: „Ist reiten nicht gefährlich?" Sicherheit im Um-

gang mit dem Pferd und beim Reiten sollte, unabhängig vom Alter, immer höchste Priorität haben! Ein hervorragender Ausbilder spielt dabei eine wesentliche Rolle. Er wird aufgrund seiner Erfahrung in der Lage sein, Situationen richtig einzuschätzen, vorausschauend zu agieren und die Reaktionen eines Schülerpferdes so zu deuten, dass eine Gefahr vermieden oder rechtzeitig abgewendet werden kann. Er wird Pferd und Mensch im Unterricht weder über- noch unterfordern. Das schafft Ver-

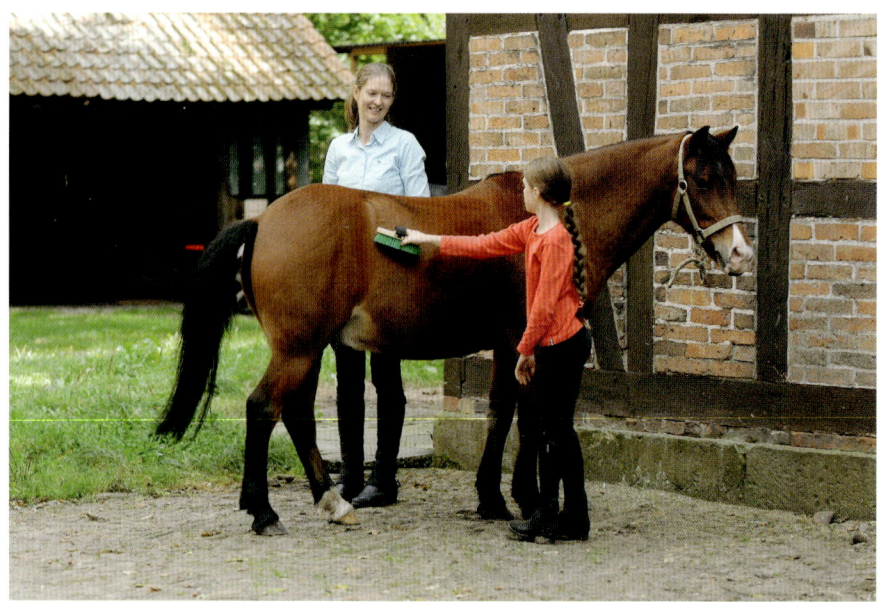

Lernen Kinder von Beginn an einen respektvollen Umgang mit dem Pferd, prägt dies ihr ganzes Reiterleben.

Kinder und Jugendliche im Reitsport

Ein Text von Prof. Dr. Norbert Meenen

Kinder und Jugendliche stellen einen relevanten Teil der Reiter in Deutschland dar.

Der Umgang mit Pferden und das Reiten ist eine besonders beliebte und nachhaltige Möglichkeit, körperliche Aktivität und Spaß im Freien mit der Fürsorge und Respekt für ein Tier zu verbinden.

Die Verletzungshäufigkeit von Kindern und Jugendlichen beträgt aber überproportional fast die Hälfte aller Reitunfälle. Reiten gehört zu den drei unfallträchtigsten Sportarten bei unter 18-Jährigen. Lediglich Verkehrsunfälle hatten eine höhere Unfallschwere als Reitunfälle. Der größte Teil der kindlichen Reitunfälle betrifft Prellungen und Frakturen an den Extremitäten und Verletzungen am Kopf. Die schwersten Verletzungen bei Kindern resultieren fast ausschließlich aus Kopfverletzungen. Ein Großteil dieser tragischen Vorkommnisse im Kinderreiten könnte durch konsequente Prävention verhindert werden.

Beim Reitsport von Kindern und Jugendlichen sind alle für Erwachsene bereits genannten Maßnahmen der Risikoverringerung, des Smart Riding und der passiven Sicherheitsausrüstung mit Helm und Weste von großer Bedeutung. Aber schon professionelle Beaufsichtigung und erst recht ein guter Unterricht im Umgang mit Pferden reduziert die Sturzhäufigkeit. In einer von uns durchgeführten Studie zeigt sich, dass bei Kindern häufiger das Hängenbleiben im Steigbügel zu massiver Verschärfung des Verletzungsausmaßes führt.

Es dürfen bewusstes Nichttragen eines Helms oder der im Unfall sich vom Kopf lösende Schutzhelm auf keinen Fall für schwere Kopfverletzungen verantwortlich sein.

Inwieweit Schutzwesten durch ihre starren Schaumplatten die Reitperformance beeinträchtigen, lässt sich nur im Einzelfall einschätzen.

Sicher müssen trotz höherer Kosten die Westen (und Helme) bei risikoreichem Sport (zum Beispiel Springen) kurzfristig an die jeweilige Körpergröße angepasst werden.

Wie schön, wenn Mutter und Tochter ein gemeinsames Hobby so harmonisch miteinander teilen können.

trauen, führt zu Sicherheit und mindert die Unfallgefahr. Jedoch bleibt ein Pferd immer ein Tier, das instinktgesteuert ist und auch der beste Reitlehrer wird seinen Schüler nicht vor jeglichen Gefahren schützen können. Er kann aber einen häufig sehr unterschätzen Anteil dazu beitragen, dass eine größtmögliche Sicherheit gewährleistet ist. Dazu zählen unter anderem eine artgerechte Haltung und Ausbildung der Pferde, die unter seiner Anleitung garan-

tiert sein sollten. Gerade Pferde, deren Fluchtinstinkt immer vorhanden ist, sind weitaus stressresistenter gegen Umwelteinflüsse, wenn sie sich psychisch und physisch wohlfühlen und dann sind sie auch der anstrengenden Situation, die ein Anfängerunterricht für das Pferd darstellt, deutlich besser gewachsen, was die Sicherheit desselben signifikant ansteigen lässt.

Kommen wir zu unseren Kindern zurück: Pferde gehören mit zu den wunderbarsten (Erziehungs-)Partnern, die sich ein Kind an seiner Seite wünschen kann. Sie tragen es durch die Stürme des Alltags vom Kleinkindalter bis in die Pubertät und darüber hinaus. Sie sind bester Freund, Partner und Lehrer zugleich. Durch ihr Verhalten lehren sie die Kinder, verantwortungsvoll zu handeln, sie zeigen Grenzen und nehmen die kleinen und großen Persönlichkeiten an – einfach so, wie sie sind. Sie ermuntern dabei, sich Herausforderungen zu stellen, der Umgang mit ihnen prägt den Charakter und nicht selten bleibt der „Pferdevirus" ein Leben lang erhalten. Es ist einer der schönsten, die man sich „einfangen" kann! Dürfen Kinder von klein auf in einer guten Reitschule mit einem kinder- und pferdefreundlichen Konzept lernen, wird dies ihr ganzes (Reiter-)Leben prägen! Hier entscheidet sich, ob aus Ihrem Kind ein sensibler, fein reitender Pferdemensch wird, mit einem Höchstmaß an Sicherheit oder ein Reiter, der sich auf Kosten des Pferdes vielleicht nur profilieren

Selbst fortgeschrittene kleine Reiter sollten immer in Begleitung eines Erwachsenen ausreiten.

Vielseitige Triathleten – Kinder im Vielseitigkeitssport

Ein Text von Nicole Sollorz

Reiten ist für Kinder eine ganz besondere Sportart – denn anders als beim Fußball oder Tennis haben sie es mit einem Lebewesen zu tun. Mit einem Tier gemeinsam das höchste Glück der Erde zu erleben, ist so faszinierend, dass viele Menschen (besonders Mädchen), die einmal in den Reitsport hineingeschnuppert haben, ein Leben lang dabei bleiben. Das Pferd kann Freund und Tröster sein. Es macht selbstbewusst, lässt Kinder über sich hinauswachsen. In unserer technisierten Welt bietet das Hobby „Pferd"

die Verbindung zur Natur. Der Umgang mit dem Pferd erfordert und fördert Verantwortungsbewusstsein und Selbstständigkeit, Beobachtungsgabe und Einfühlungsvermögen. Eine Einheit mit dem Pferd zu werden, ist das größte Ziel eines jeden Reiters und kann ein Leben lang dauern. Jeder Tag mit dem Pferd, jede Reitstunde kann anders sein, weil Pferde auch auf dieselben Signale unterschiedlich reagieren können. Das macht es spannender, aber auch schwieriger. Das vielseitige Reiten fördert viele Sinne: Ausdauer, Balance, Koor-

Mit Begeisterung im Gelände von Bordesholm unterwegs: Der Hannoveraner „Daviñho" mit Nicole Sollorz.

Nicole Sollorz ist Vorsitzende des Club deutscher Vielseitig-keitsreiter (CDV). Im Februar 2010 rief sie ein neues Projekt ins Leben: Ärzte in der Vielseitigkeit. Der CDV möchte sich mit diesem Projekt für mehr Sicherheit auf Vielseitigkeits-veranstaltungen einsetzen. Das Ziel dieses Projektes ist eine kontinuierliche Förderung der Ausbildung von Ärzten bis hin zum Einsatz auf Vielseitigkeitsveranstaltungen. Diese Spezialfortbildungen werden von Spitzensportlern, Ama-teuren und Trainern sehr befürwortet.

dination, Kraft und Beweglichkeit. Für den sicheren Einstieg in das Geländereiten ist besonders auf eine gute Ausrüstung (TÜV geprüfer Reithelm, Sicherheitsweste, even-tuell Airbagweste), ein zuverlässiges Pferd, einen versierten Ausbilder und einen geeig-neten Trainingsplatz zu achten. Seit einigen Jahren steigt das Interesse an Prüfungen für Turnier-Einsteiger: Bereits ab vier Jahren können Kindern an Geländeführzügel- und später an Geländereiterwettbewerben teil-nehmen, bevor der Sprung in die Klasse E gelingt.

Club deutscher Vielseitigkeitsreiter (CDV) – Faszination Vielseitigkeits-reiten

Als Fachgruppe Vielseitigkeit vertreten wir die Interessen der Vielseitigkeitsreiter im Deutschen Reiter- und Fahrerverband (DRFV) und darüber hinaus. Unsere über 350 Mitglieder sind sowohl Leistungssport-ler und Profis als auch Freizeitsportler und Amateure. Allen gemein ist die Freude am Vielseitigkeitssport!

Das Engagement zur Unterstützung und Weiterentwicklung unseres fantastischen Sports steht bei der Arbeit des CDV im Vordergrund.

Für die gezielte Förderung des Turnier-Nachwuchses wird der CDV Junior Cup auf Einsteiger Niveau und der CDV Cup bundes-weit auf VL-Niveau ausgetragen.

Veranstalter werden finanziell und beratend auf ihren Turnieren unterstützt. Ebenso bie-ten wir für Reiter, Veranstalter und Ehren-amtler im Notfall Hilfestellung.

möchte, dessen Persönlichkeit missachtet und dadurch nicht selten (schwere) Unfälle provoziert. Lernen schon die Kleinen vom ersten Tag ihrer Reiterlaufbahn an einen respektvollen und achtsamen Umgang mit dem Pferd, wird es eine Freude sein, sie mit den ihnen anvertrauten Vierbeinern auf- und wachsen zu sehen.

Neben einer sicheren Ausrüstung, einem ebensolchen Umfeld, gut geschulten Ausbildern und Lehrpferden ist das A und O des sicheren Umgangs und Reitens ein behutsames (!) Heranführen Ihres Kindes an das Pferd. Dies bedeutet, dass es unter Anleitung Zeit hat, die Pferde zunächst einmal zu beobachten, kennenzulernen, zu berühren und zu putzen, bevor es das erste Mal in den Sattel steigt.

Haben Sie auf der Suche nach einer guten Reitschule für Ihr Kind eine Auswahl getroffen, besuchen Sie diese zunächst einige Male gemeinsam, bevor (!) Sie es dort zu seinem ersten Reitunterricht anmelden. Vergewissern Sie sich, dass die oben genannten Aspekte im Reitstall Ihrer Wahl in Bezug auf den Umgang und die Haltung der Lehrpferde sowie die Arbeit des Ausbilders, der Ihr Kind unterrichten wird, zutreffen. Es ist wichtig, dass Sie und Ihr Kind in allem ein gutes Gefühl haben! Ein Verletzungsrisiko lässt sich wie bei allen anderen Sportarten nicht ausschließen, aber eine hohe Sicherheit ist allemal zu er-

reichen und die sollten Sie auch erwarten! Vertrauen Sie Ihr Kind gut geschulten Händen an, denn im umgekehrten Fall besteht sonst ein übermäßig hohes Gefahren- und Verletzungspotential, das Sie in jedem Fall für Ihr Kind vermeiden sollten. Hier zeichnet einen, auf die Sicherheit Ihres Kindes achtenden und den Respekt vor dem Lebewesen Pferd wahrenden Ausbilder aus, dass er Ihr Kind zunächst so lange an der Longe ohne Zügel reiten lässt, bis es einen zügelunabhängigen Sitz erlernt hat. Das heißt, dass es den Zügel nicht zum Festhalten gebrauchen wird. Es kann sich zunächst in aller Ruhe auf seinen Sitz konzentrieren, ohne an Tempo und Richtungsänderungen denken müssen, denn es gilt: Je sicherer der Sitz, desto sicherer ist das Reiten für Ihr Kind!

Im weiteren Verlauf des Reitunterrichts ist eine Gruppengröße von höchstens vier Kindern empfehlenswert. Der Lerneffekt für Ihr Kind ist hierbei deutlich höher und die Aufmerksamkeit des Ausbilders bleibt für jedes einzelne Pferd-Kind-Paar erhalten.

Unbezahlbar – ein gutes Lehrpferd

Lehrpferde sind sehr weit und im besten Falle sehr gut ausgebildete Pferde. Sie sind in der Lage, ihrem Reiter besser als es jemals ein zweibeiniger Lehrer vermitteln könnte, ein Gefühl von *„Wie fühlt es sich richtig an?"*, mit auf den reiterlichen Weg zu geben.

Wer einmal ein weit geschultes Lehrpferd reiten durfte, wird sich immer daran erinnern. Wer solch ein Pferd häufiger reiten darf, wird im Lauf der Zeit und nach einigen Wiederholungen ein ganz neues Bewegungsgefühl für eine Gangart oder eine Lektion verinnerlichen, sodass er es später auch auf anderen Pferden zu reiten imstande sein wird. Ein neues Bewegungsmuster kann auf einem sicheren Pferd beim Erfühlen einer Lektion ebenfalls besser etabliert werden. Hier wird deutlich, wie wichtig ja, wie zeitsparend Lehrpferde für die Ausbildung eines Schülers sind sowie natürlich ein Trainer, der dem Schüler zum richtigen Zeitpunkt das passende Feedback gibt „So soll es sein!", damit er dieses Gefühl Schritt für Schritt abspeichern kann.

Die Rückmeldung seitens des Ausbilders sowie des Pferdes, das die Lektion ruhig und willig ausführt, helfen dem Schüler dabei, schnellere Lernerfolge zu erzielen.

Ein Lehrpferd, welches aufgrund seiner Ausbildung in sich ruht und über eine gewisse Souveränität verfügt, wird auch einmal einen Reiterfehler oder eine Unsicherheit des Reitschülers verzeihen und sich nicht aus der Ruhe bringen lassen. Die Basis dafür ist jedoch eine Ausbildung, die

So soll es sich anfühlen – ein gutes Lehrpferd vermittelt dem Schüler das richtige Gefühl.

dem Pferd vor allem das Vertrauen zum Menschen an seiner Seite und auf dem Rücken geben konnte.

Es sollte auf eine leichte Hilfengebung des Reiters hin willig auf Richtungs-, Tempo- und Gangartenwechsel reagieren sowie komplexere Übungsabläufe ausführen – eine korrekte Hilfengebung vorausgesetzt. Hinter einem feinen Lehrpferd steht immer auch ein guter Ausbilder, welcher einen ebensolchen Umgang mit dem ihm anvertrauten Pferd pflegt und stets sorgsam über es wacht.

Eine Liebe fürs Leben – welches Pferd passt zu mir?

Welches Pferd zu welchem Reiter passt, lässt sich nicht ganz so leicht pauschalisieren, wie es auf den ersten Blick scheinen mag. Die Fügungen, die zwei Lebewesen zusammenwürfeln und trotz aller Einwände von außen eine wunderbare Einheit werden lassen, sind so vielfältig wie das Leben selbst. Grundsätzlich ist zu sagen, dass sich für einen Anfänger im Sattel oder einen ungeübten Reiter ein gut geschultes Pferd empfiehlt, welches sich weder durch kleine Unsicherheiten des Reiters noch durch eine nicht ganz korrekte Hilfengebung aus der Ruhe bringen lässt. Von diesem kann der Reiter lernen und das Pferd wird geduldig mit ihm seinen Weg gehen.

Unerfahrene Pferde oder solche mit „Menschenproblemen" gehören prinzipiell in erfahrene Ausbilderhände oder bedürfen einer ständigen Unterstützung durch einen solchen. Da ein junges Pferd selbst noch viel lernen oder ein traumatisiertes Pferd erst wieder eine positive Bindung zum Menschen aufbauen muss, ist die Gefahr sehr groß, dass ein noch so gut gewillter aber unerfahrener Mensch größten Schaden anrichtet und sich und das Pferd in Gefahrensituationen bringt.

Besonders beim Pferdekauf heißt es „Augen auf!". Nicht wenige „Schnäppchenangebote" erweisen sich Zuhause als echte körperliche oder psychische Problemfälle und stellen sich als große Herausforderung für alle Beteiligten dar. Eine artgerechte Zucht, Aufzucht und Ausbildung kosten Geld. Dies muss der Züchter und Ausbilder auch dem Kunden in Rechnung stellen (können).

Wird Ihnen ein junges und sehr weit ausgebildetes Pferd zum günstigen Preis angeboten, sollten Sie wachsam sein!

Bedenken Sie bitte auch, dass „schwierige" Pferde nichts für ihr Leid können und sie retten zu wollen grundsätzlich zwar eine ethisch hoch anzurechnende Aufgabe ist, jedoch bedürfen sie oft einer sehr kostenintensiven veterinärmedizinischen und psychologischen Betreuung und gehören in versierte Ausbilderhände!

„Wähle dein Pferd wie einen Freund, denn du sollst es lieben." Rudolf G. Binding: *Reitvorschrift für eine Geliebte.*

Möchten Sie sich ein Pferd kaufen, lassen Sie sich unterstützen! Vier Augen sehen immer mehr als zwei. Dabei hat es sich bewährt, einen sehr pferdeerfahrenen kompetenten Berater hinzuzuziehen, der Ihnen hilfreich zur Seite stehen kann. Eine umfangreiche Ankaufsuntersuchung ist ebenfalls ratsam – hier empfiehlt es sich, zusätzlich zu den darin enthaltenden (röntgenologischen) Untersuchungen den Rücken sowie die Halswirbelsäule röntgen zu lassen. All dies sind sehr wichtige Faktoren, die den Pferdekauf beeinflussen – aber nicht zuletzt sollten Sie auf Ihr Herz hören! Ihr neues Pferd wird ein Freund an Ihrer Seite sein und Sie wahrscheinlich über viele viele Jahre begleiten. Spüren Sie in Ihren Bauch hinein – wie war das erste Gefühl? Bleiben Sie offen für das Pferd – denn oftmals „sucht" das Pferd genau Sie!

Welches Pferd passt zu mir?

Ein Text von Dr. Werner Schade

Unter dem Aspekt der Sicherheit hat die Auswahl des passenden Pferdes eine sehr entscheidende Bedeutung. Natürlich spielen auch emotionale Beweggründe oder der persönliche Geschmack eine Rolle. Hier kann es sehr hilfreich sein, sich mit einer vertrauten und kompetenten Person zu beraten.

Bevor man das Profil des Pferdes definiert, ist es sinnvoll, sich ein klares Bild über die eigenen Fähigkeiten und Zielsetzungen zu machen. Aus einer realistischen Selbsteinschätzung folgt der Kriterienkatalog, der an ein Pferd zu stellen ist, fast von selbst. Für welche Aufgaben, wie vielseitig und auf welchem Niveau ein Pferd eingesetzt werden soll, sind die Fragen, die die Auswahl einer Rasse betreffen. Es gibt Rassen, die über ein breites Nutzungsspektrum verfügen oder spezialisierte Ausrichtungen innerhalb ihrer Zucht aufweisen und klar spezialisierte Rassen. Hier kann man sich bei den jeweiligen Zuchtverbänden über die Eignung der Rassen entsprechend informieren.

In diesem Zusammenhang gehört auch die Größe eines Pferdes zu den wichtigen Kriterien. Besonders für Kinder ist der Umgang mit Ponys oder Kleinpferden oft praktikabler. Bei Erwachsenen, die später mit dem Reiten begonnen haben, wird ein kleineres, handliches Pferd ebenfalls bevorzugt. Natürlich müssen vor allem Charakter und Temperament eines Pferdes den reiterlichen Fähigkeiten entsprechen. Egal für welche Rasse man sich entscheidet, muss dieser Merkmalsbereich im Einzelfall durch gute Beratung und durch Ausprobieren getestet werden. Eine Begleitung des Pferdekaufs durch den eigenen Ausbilder ist hier sinnvoll.

Das Alter und der Ausbildungsstand eines Pferdes sind ebenfalls wichtige Kriterien bei der Auswahl. Ein erfahrenes, gut ausgebildetes Pferd oder Pony kann der beste Reitlehrer sein. Besonders unerfahrenen Reitern geben erfahrene, ruhige Pferde viel Sicherheit. Diese Pferde lassen es zu, dass man sich zunächst auf sich selbst konzentrieren kann und verzeihen eher einen Fehler. Grundsätzlich ist der Erwerb eines jungen Pferdes, mit dem man sich gemeinsam entwickeln kann, auch interessant. Dies setzt aber voraus, dass man selbst in der Lage ist, ein Pferd auszubilden oder auf die notwendige Hilfe in der Ausbildung zurückgreifen kann. Der Gesundheitszustand eines Pferdes ist ebenfalls

Dr. Werner Schade ist Zuchtleiter und Geschäftsführer des Hannoveraner Verbandes. In seiner Funktion beschäftigt er sich mit züchterischen Zielsetzungen und den Anforderungen des Marktes im Pferdesport. Außerdem ist er selbst aktiver Reiter.

kaufentscheidend. Eine Kaufuntersuchung ist heutzutage obligatorisch. Aufgrund der teilweise schwierigen Interpretation von Befunden, besonders im röntgenologischen Bereich, ist die Konsultation eines erfahrenen Tierarztes ratsam.

Wie finde ich ein Pferd? Über das Internet ist eine Flut von Informationen zugänglich. Hier kommt es darauf an, die Informationen zu strukturieren. Sowohl einzelne Betriebe als auch Portale sind hier sehr aktiv. Die Bedeutung des Internets in der Pferdevermarktung ist sehr groß und nicht mehr weg zu denken. Natürlich spielen auch die Anzeigen in Magazinen eine Rolle. Eine gute Auswahlmöglichkeit mit Beratung erhält man auf den Verbandsauktionen. Aus einer ausgewähl-

ten und tierärztlich untersuchten Kollektion kann ein Käufer im direkten Vergleich verschiedene Pferde an einem Ort probieren. Nach allen rationalen Überlegungen muss auch bei der Begegnung mit einem Pferd ein „Funke" überspringen, damit eine gute Beziehung entstehen kann.

Ausblick

Liebe Leserinnen und Leser,

dem Aspekt der Sicherheit sollte immer, wenn es um Pferde oder das Reiten geht, eine große Bedeutung eingeräumt werden – bei allen Sicherheitsgedanken, ist es jedoch nicht die Intention dieses Buches Sie zu verunsichern. Im Gegenteil: Ich möchte Sie ermuntern, es zu wagen! Pferde gehören für mich mit zu den wunderbarsten Geschöpfe dieser Erde. Sie verleihen uns auf ihrem Rücken sitzend so oft die sprichwörtlichen Flügel – sie ermöglichen uns, dass wir uns stark, schnell, erhaben, mutig, unglaublich stolz und glücklich fühlen. Diese Verbundenheit ist ein großes Geschenk und sie beruht auf gegenseitigem tiefen Vertrauen. Sie ist selten bei zwei Lebewesen unterschiedlicher Spezies und daher umso wertvoller, wenn sie in einer nie gekannten Intensität auftritt und ein Gefühl des höchsten Glücks auszulösen vermag! Auf die Suche nach genau diesem Glück hat sich sicher schon so mancher von Ihnen bereits gemacht. Wollte das weiche Fell und die kraftvollen Bewegungen spüren und sich für eine kurze Zeit sicher durch unseren schnelllebigen Alltag tragen lassen. Pferde sind uns hierbei tatsächlich oft ein geduldiger Partner oder gar Freund an unserer Seite, bereit, mit uns durchs Leben zu gehen.

Das vorliegende Buch möchte Ihnen dabei helfen, die Pferde verstehen zu lernen. Dann gewinnen Sie und Ihr Pferd neben einem harmonischen Miteinander vor allem Sicherheit – beim Reiten, im Umgang sowie im gemeinsamen Zusammensein. Ich wünsche Ihnen nun viel Freude und Leichtigkeit für die Welt, die Sie mit Ihrem Pferd teilen. Seien Sie umsichtig, stets geduldig, achtsam und dankbar für das Ihnen anvertraute Lebewesen! Seien Sie ihm ein vertrauenswürdiger Partner, dann werden auch Sie Ihrem Pferd vertrauen können. Schließen möchte ich mit den Worten von Franz von Assisi, die den Weg des Lernens gemeinsam mit unseren Pferden auf einzigartige Weise beschreiben:

„Beginne mit dem Notwendigen,
dann tue das Mögliche –
und plötzlich wirst Du
das Unmögliche tun."

Literatur- und Quellenverzeichnis

Das Tierschutzgesetz (TierSchG): https://www.bmel.de/SharedDocs/Downloads/Tier/Tierschutz/GutachtenLeitlinien/HaltungPferde.pdf?__blob=publicationFile

https://www.bmel.de/DE/Tier/Tierschutz/_texte/StaatszielTierschutz.html

http://www.gesetze-im-internet.de/tierschg/__2.html und http://www.gesetze-im-internet.de/tierschg/__1.html

https://www.bmel.de/SharedDocs/Downloads/Tier/Tierschutz/GutachtenLeitlinien/HaltungPferde.pdf?__blob=publicationFile

Leitlinien zur Beurteilung von Pferdehaltungen unter Tierschutzgesichtspunkten vom 9. Juni 2009. Herausgeber Bundesministerium für Ernährung, Landwirtschaft und Verbraucherschutz (BMELV) Referat Tierschutz, Postfach, 53107 Bonn Internet: www.bmelv.de

Ethik im Pferdesport – Teil I, Die Ethischen Grundsätze des Pferdefreundes. Deutsche Reiterliche Vereinigung e.V. Bundesverband für Pferdesport und Pferdezucht Fédération Equestre Nationale (FN), 14. überarbeitete Auflage Februar 2015.

Leitlinien für den Tierschutz im Pferdesport, Arbeitsgruppe Tierschutz und Pferdesport (1. November 1992): https://www.bmel.de/DE/Tier/Tierschutz/Tierschutzgutachten/_texte/GutachtenDossier.html?docId=377440

Helmut Beck-Broichsitter: *Gesammelte Werke.* Wu Wei Verlag, Schondorf, 2010.

Rudolf G. Binding: *Reitvorschrift für eine Geliebte*. Rütten& Loening Verlag, Frankfurt am Main, 1927.

Dr. Willa Bohnet aus: Wiebke Wendorff (Hrsg.) *Pferd und Wolf – Alte Bekannte neue Gefahr? Eine fachliche und ethische Bestandsaufnahme zur Situation in Deutschland*. evipo Verlag, Burgwedel, 2015.

Magali Delgado/Frédéric Pignon: *Die Kraft der Verbindung.* Wu Wei Verlag, Schondorf, 2013.

Heidrun Hafen und Nicole Künzel: *Alles Zirkus?! Motivation und Freude für Pferd & Mensch durch Zirkuslektionen.* Wu Wei Verlag, Schondorf, 2013.

Marie Massmann: *Die Kinderreitschule. Ein Ratgeber für Eltern pferdebegeisterter Kinder.* evipo Verlag, Burgwedel, 2015.

Cornelia Weidenauer: *Voller Vertrauen – Das ABC für einen respektvollen Umgang zwischen Pferd & Mensch.* evipo Verlag, Burgwedel, 2014.

Marlitt Wendt: *Wie Pferde fühlen und denken. Verhalten Emotionen, Intelligenz.* Cadmos Verlag, Schwarzenbek, 2009.

Marlitt Wendt in Nicole Künzel: *Jeder Gedanke ist eine Kraft – durch positive innere Bilder im Einklang mit dem Pferd.* Kosmos Verlag, Stuttgart, 2015.

Quellenverzeichnis Text „Mentales Training für Reiter" von Dr. Gaby Bußmann

Beckmann, J., & Elbe, A.-M. (2008). Praxis der Sportpsychologie im Wettkampf- und Leistungssport. Balingen: Spitta.

Bußmann, G. (2012). Sportpsychologische Beratung im Reit- und Pferdesport. In D. Beckmann-Waldenmayer & J. Beckmann (Hrsg.), Handbuch sportpsychologischer Praxis. Mentales Training in den olympischen Sportarten (S. 161-172). Balingen: Spitta.

Bender, C., & Draksal, M. (2011). Das Lexikon der Mentaltechniken. Die besten Methoden von A bis Z (2., überarb. & erw. Neuauflage). Leipzig: Draksal.

Bohne, M. (2003). Keine Angst vor dem nächsten Auftritt. Zehn Erfolgsrezepte für eine bessere Performance in der Öffentlichkeit [Elekrtonische Version]. New management Nr. 6, 52-57.

Croos-Müller, C. (2013). Kopf hoch. Das kleine Überlebensbuch. Soforthilfe bei Stress, Ärger und anderen Durchhängern (6. Auflage). München: Kösel.

Falkenberg, I., McGhee, P., & Wild, B. (2013). Humorfähigkeiten trainieren. Manual für die psychiatrisch-psychotherapeutische Praxis. Stuttgart: Schattauer.

Fliegel, S., Groeger, W. M., Künzel, R., Schulte, D., & Sorgatz, H. (1981). Verhaltenstherapeutische Standardmethoden. Ein Übungsbuch. München: Urban & Schwarzenberg.

Kratzer, H. (2012). Psychologische Vorbereitung auf Wettkampfhöhepunkte. Leistungssport. Zeitschrift für die Fortbildung von Trainern, Übungsleitern und Sportlehrern, 5, 5-11.

Linz, L. (2004). Erfolgreiches Teamcoaching. Ein sportpsychologisches Handbuch für Trainer. Aachen: Meyer & Meyer.

Porter, K., & Foster, J. (1988). Mentales Training. Der moderne Weg zur sportlichen Leistung (2. Auflage). München: BLV.

Savoie, J. (2006). Positiv denken – Erfolgreich reiten. Mit Mentaltraining zum persönlichen Sieg. Stuttgart: Franckh-Kosmos.

Schinke, R. J. (2006). Erfolg beginnt zuerst im Kopf. Mentales Training für Reiter. Brunsbek: Cadmos.

Quellenverzeichnis zu Text „Embodiment" von Dr. Gaby Bußmann

Aronson, E., Wilson, T. D., & Akert, R. M. (2008). Sozialpsychologie (6., aktualisierte Auflage). München: Pearson Studium.

Beckmann, J., & Elbe, A.-M. (2008). Praxis der Sportpsychologie im Wettkampf- und Leistungssport. Balingen: Spitta.

Croos-Müller, C. (2013). Kopf hoch. Das kleine Überlebensbuch. Soforthilfe bei Stress, Ärger und anderen Durchhängern (6. Auflage). München: Kösel.

Lenz, B. (2013). Das Pferd als Spiegel des Reiters. Durch ganzheitliche Balance, Mentaltraining und Körpersprache zu feiner Reitqualität. Hildesheim: Olms.

Riskind, J., & Gotay, C. (1982). Physical posture: Could it have regulatory or feedback effects on motivation and emotion? Motivation and Emotion, 6(3), 273-298.

Storch, M., Cantieni, B., Hüther, G., & Tschacher, W. (2010). Embodiment. Die Wechselwirkung von Körper und Psyche verstehen und nutzen (2. Auflage). Bern: Huber.

Strack, F., Martin, L., & Stepper, S. (1988). Inhibiting and facilitating conditions of the human smile: a nonobtrusive test of the facial feedback hypothesis. Journal of personality and social psychology, 54(5), 768-777.

Quellenverzeichnis zu den Texten von Prof. Dr. Norbert Meenen

G. Bianchi (2014) Sicherheitsanalyse im Pferdesport in der Schweiz: Unfall- und Risikofaktorenanalyse sowie Präventionsempfehlungen. bfu – Beratungsstelle für Unfallverhütung; bfu-Grundlagen

V. Eckert, U. Lockemann, K. Püschel, MD, NM. Meenen, C. Hessler, MD (2011) Equestrian Injuries Caused by Horse Kicks: First Results of a Prospective Multicenter Study. Clinical Journal of Sport Medicine 21:353-355

C. Hessler, V. Eckert, J. Meiners, C. Jürgens, B. Reicke, G. Matthes, A. Ekkernkamp, K. Püschel (2014) Ursachen, Verletzungen, Therapie und Präventionsmöglichkeiten von Unfällen im Reitsport – Ergebnisse einer 2-Center-Studie. Unfallchirurg 117:123–127

C. Hessler, V. Namislo, G. Kammler, U. Lockemann, Püschel K., N.M. Meenen (2011) Reitunfallbedingte Wirbelsäulenverletzungen – eine Analyse von 30 Fällen. Sportverletzung Sportschaden 25: 93 – 96

C. Hessler, B. Schilling, G. Kammler, N. M. Meenen, U. Lockemann, K. Püschel (2009) Forensische Pädopathologie: Reitsport im Kindes- und Jugendalter – Risiken, Sicherheitsstandards und Unfallpräventionsmöglichkeiten. Päd 15: 1-4

C. Hessler, B. Schilling, N. M. Meenen, U. Lockemann, K. Püschel (2010) Risikosport Reiten – eine kritische Darstellung der Sicherheitsstandards im Reitsport Risks in Sport Riding – a Critical Survey of Safety Standards in Sport Riding. Sportverletzung Sportschaden 24. 1 – 5

C. Hessler, H. Stohrer, J. Madert, K. Püschel (2012) Localisation and pattern of spine fractures caused by horse riding-related accidents. International SportMed Journal 13: 153-160

S.Y. Jauch, S. Wallstabe, K. Sellenschloh, D. Rundt, K. Püschel, M.M. Morlock , N.M. Meenen, G. Huber (2015) Biomechanical modelling of impact-related fracture characteristics and injury patterns of the cervical spine associated with riding accidents. Clinical Biomechanics 30:795–801

Adressen

Petra Blissenbach
Reitbetrieb Fichtenhof
Wilhelmsdorfer Str. 142/144
33689 Bielefeld

Dr. Gaby Bußmann
E-Mail: bussmann@reitsportpsychologie.de

Club deutscher Vielseitigkeitsreiter (CDV)
Deutscher Reiter- und Fahrerverband
Münsterweg 57
48231 Warendorf
Homepage: www.cdv-news.de
CDV-Vorsitzende: Nicole Sollorz
E-Mail: nicolesollorz@me.com
Tel.: +49(0)175-24 69 898

Hamburger AG Reitsicherheit
Homepage:
www.hamburger-ag-reitsicherheit.de

Heidrun Hafen
Hauptstr. 15
30938 Burgwedel
Tel.: +49(0)163-3636307
E-Mail: robinrotfleck@freenet.de

Peter Kreinberg
The Gentle Touch GmbH
Küppelstr. 10
Kilianshof
97657 Sandberg
Tel.: +49(0)172 - 5 40 46 91
Fax: +49(0)3222 - 41 301 18
E-Mail: kontakt@peter-kreinberg.de
Homepage: www.peter-kreinberg.de

Nicole Künzel
evipo Ausbildungszentrum
E-Mail: info@evipo.de
Homepage: www.evipo.de

Prof. Norbert M. Meenen
Asklepios Klinik St. Georg
Gelenkchirurgie für
Kinder und Jugendliche
Chirurgisch-Traumatologisches Zentrum
Hamburg

Eckart Meyners
Soltauer Str. 103
21335 Lüneburg
E-Mail: emeyners@arcor.de

Outdoor First Aid Academy
Uwe Brolle
Desibachstrasse 18
CH-8414 Buch am Irchel
Telefon: +41(0)43 81 05 771
E-Mail: uwebrolle@ofa-academy.com
Homepage: http://www.ofa-academy.com/
de/projekte/sicher-a-reiten

Schade & Partner
Fachberatung für Pferdebetriebe
Deelsener Weg 1
27283 Verden
Tel: + 49(0)4231-93 76 50
Fax: + 49 (0)4231-93 76 510
E-Mail: office@schadeundpartner.de
Homepage: www.schadeundpartner.de

Andrea Schmitz
Reitanlage Pegasus
Thönser Str. 15
30938 Burgwedel
Tel.: +49(0)172-59 06 184
E-Mail: andreaschmitz2@gmx.de

Dr. Britta Schöffmann
Mozartstr. 29,
47239 Duisburg
E-Mail: info@britta-schoeffmann.de
Homepage: www.britta-schoeffmann.de

Nicole Sollorz
Vorsitzende
Club deutscher Vielseitigkeitsreiter e.V.
Neue Straße 32
22962 Siek
Tel. Büro: +49(0)4107-90 84 270
Tel. mobil: +49(0)175-24 69 898
E-Mail: nicolesollorz@me.com

Karen Uecker
Tel. mobil: +49(0)176-25 58 05 52
E-Mail: freestyle-dogs@t-online.de
Homepage: www.freestyle-dogs.de

Uelzener Allgemeine Versicherungsgesell-
schaft a. G.
Veerßer Str. 65/67
29525 Uelzen
Tel.: +49(0)581-80 70 0
Fax: +49(0)581-80 70 248
E-Mail: info@uelzener.de
Homepage: www.uelzener.de

Diplom-Biologin Marlitt Wendt
Wöhrendamm 178a
22927 Großhansdorf
Tel.: +49(0)4102-97 45 75
E-Mail: pferdsein@gmx.de
Homepage: www.pferdsein.de

Impressum

Copyright © 2016 by evipo Verlag, Nicole Künzel, Burgwedel
Gestaltung und Satz: Designatelier Orterer
Titelfoto: Antje Wolff
Fotos Innenteil: alle Fotos Antje Wolff, außer: Gabriele Boiselle S. 110, 111, Tammo Ernst
S. 9, 167, Christine Orterer S. 79, 80, Uta Helkenberg S. 93, Kerstin Hoffmann S. 161,
Ronny Hogrebe S. 160, Almut Kellermann S. 150, Hans Kuczka S. 23, 39 (oben), 63,
77, 121, 141, 175 Bernadetta Rudek S. 47, Thorsten Schneider S. 7, 83, Bertram Solcher
S. 19, Karen Uecker S. 123
Illustrationen im Innenteil: Heidrun Hafen
Lektorat: Christa-Maria Ossapofsky
Druck: Finidr, s.r.o., Czech Republic
Alle Rechte vorbehalten.

Die Deutsche Nationalbibliothek verzeichnet diese Publikation in der Deutschen Nationalbibliografie; detaillierte bibliografische Daten sind im Internet über http://dnb.ddb.de abrufbar.

Printed in Czech republik, 2016

ISBN: 978-3-945417-16-4

Haftungsausschluss
Alle Methoden und Anregungen im Buch wurden sorgfältig geprüft. Achtsamkeit ist dennoch bei der Umsetzung geboten! Verlag und Autor übernehmen keinerlei Haftung für Personen-, Sach- oder Vermögensschäden, die im Zusammenhang mit der Anwendung oder Umsetzung entstehen kön

Verstehe dein Pferd

„Verstehe dein Pferd" ist eine Initiative der Uelzener Versicherungen. Namhafte Experten sorgen unter diesem Motto durch fundierte Wissensvermittlung auf den verschiedensten Veranstaltungen für mehr Verständnis und Verständigung zwischen Pferd und Mensch. Ziel ist stets eine entspannte und sichere Partnerschaft zwischen Zwei- und Vierbeinern und zwar völlig unabhängig von Rasse, Reitweise oder Leistungsstand. Dies gelingt nur, wenn die Kommunikation zwischen den beiden Partnern stimmt – sei es am Boden oder im Sattel. In praxisnahen Demonstrationen geben die „Verstehe Dein Pferd"-Referenten wertvolle Tipps zur Verbesserung von Vertrauen und Beziehung sowie Hilfengebung und Sitz des Reiters. Es lohnt sich stets vorbei zu schauen!

Der *evipo Verlag* präsentiert